DISEÑO DE PISCINAS DE USO COLECTIVO:
Requerimientos Sanitarios y de Seguridad de la Zona de Baño

Joaquín Gámez de la Hoz
Ana Padilla Fortes

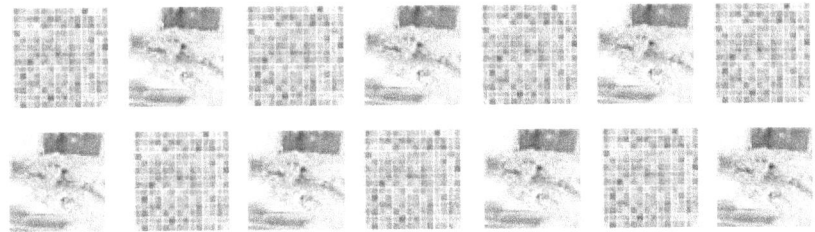

1ª Edición

 Lulu
Enterprises, Inc.

TÍTULO
Diseño de piscinas de uso colectivo:
requerimientos sanitarios y de seguridad de la zona de baño

Serie: *Científico-Técnica*

AUTORES
Joaquín J. Gámez de la Hoz
Ana Padilla Fortes

EDITA
© Lulu Enterprises, Inc.
3101 Hillsborough St. - Raleigh, North Carolina 27607 (USA)
Telephone: +1 919.447.3290
Email: pr@lulu.com
www.lulupresscenter.com

ISBN: 978-1-4710-4791-6
DEPÓSITO LEGAL: MA-24-2012
Impreso en España / *Printed in Spain*

Fotografía cubierta por cortesía de D. Pedro J. Pérez. Las Palmas de Gran Canaria.

FICHA CATALOGRÁFICA
GÁMEZ DE LA HOZ, Joaquín J. Diseño de piscinas de uso colectivo: requerimientos sanitarios y de seguridad de la zona de baño /[autores: Joaquín J Gámez de la Hoz, Ana Padilla Fortes]. -1ª Ed. [Málaga], 2012 Nº pág: 162, ilustraciones (c/bn); (24 cm) ISBN: 978-1-4710-4791-6
Descriptores: Piscinas. Construcción. Seguridad. Equipamientos. Salud Pública. Salud Ambiental.

Para Josefina,
tus recuerdos seguirán vivos en nosotros.

Este libro es una obra unitaria no periódica que se compone de 162 páginas, sin incluir las de cubierta, contiene un índice, 18 capítulos, un anexo y bibliografía, ajustada a la definición de libro propuesta por la UNESCO (1964) sobre recomendaciones para publicaciones.

Joaquín Gámez de la Hoz es Licenciado en Biología por la Universidad de Málaga. Trabaja como Experto en Sanidad Ambiental del Cuerpo Superior de Técnicos de Salud del Servicio Andaluz de Salud, donde ha sido miembro de la Comisión Consultiva de Gestión Ambiental. Ha trabajado como coordinador de los servicios inspección sanitaria del Distrito Coin-Guadalhorce en Málaga. Ha sido asesor del Ministerio Fiscal en delitos contra la salud pública. Tiene publicados numerosos artículos en revistas científico-técnicas y ha participado en Congresos de la Sociedad Española de Sanidad Ambiental.

Ana Padilla Fortes es Licenciada por la Universidad de Málaga. Trabaja como Prevencionista del Servicio Andaluz de Salud. Es Experta en Dirección y Gestión de Servicios de Prevención y Salud Laboral. Especialista en Seguridad en el Trabajo, Higiene Industrial, Ergonomía y Psicosociología aplicada. Es asesora del Comité de Seguridad y Salud del Complejo Hospitalario Carlos Haya y del Distrito Sanitario Málaga. Ha conseguido la acreditación de Unidades de Gestión Clínica por la Agencia de Calidad Sanitaria de Andalucía en indicadores de prevención de riesgos laborales. Tiene una amplia experiencia profesional en Salud Laboral y Seguridad en el Trabajo en la empresa privada. Ha sido docente en la Fundación Laboral de la Construcción y en el máster de técnico superior en prevención de riesgos laborales del Instituto Andaluz de Administración Pública.

PRESENTACIÓN

Cada año millones de turistas y veraneantes utilizan las piscinas como espacios para el disfrute y actividades de tiempo libre. Es un hecho bien reconocido que las piscinas son lugares que proporcionan beneficios para la salud a través del ejercicio físico, la relajación, el ocio o como emplazamiento para la convivencia social, pero sin olvidar que un deficiente estado de las instalaciones o un uso inapropiado puede convertirse en una seria amenaza para la salud humana, a veces con desenlaces graves.

Por ello, las condiciones de seguridad en la fase de concepción y diseño de las instalaciones de las piscinas y su adecuado mantenimiento, juegan un papel fundamental en la prevención y reducción de riesgos para la salud pública. Tomando como base los peligros asociados a este tipo de establecimientos, deben adoptarse medidas razonables para garantizar la seguridad de los usuarios y los agentes que intervienen en la gestión, mantenimiento y control de las instalaciones.

Prueba de ello es el intenso escenario normativo existente en el estado español, donde cada comunidad autónoma ha legislado sectorialmente en materia de piscinas y de forma desigual, teniendo como resultado la coexistencia de 17 reglamentos técnicos, a la espera de la aprobación de una norma básica estatal que unifique criterios de seguridad y sanitarios, pero sobre todo, que mejore la aplicación efectiva de los requisitos normativos y facilite un enfoque integral de salvaguarda de la salud pública, conforme al estado actual de la técnica y el mejor conocimiento científico.

La presente publicación recopila los requisitos técnicos específicos referentes a las condiciones sanitarias y de seguridad la zona de baño de las piscinas reguladas en las 17 comunidades autónomas españolas, proporcionando un compendio de las principales diferencias y elementos en común contemplados en los distintos reglamentos técnico-sanitarios. Con esta guía práctica pretendemos que sirva de herramienta de consulta tanto para el sector profesional como para titulares de piscinas públicas o privadas, desde comunidades de vecinos y usuarios de las instalaciones, hasta establecimientos de uso colectivo (alojamientos turísticos, sociedades recreativos, clubes deportivos, residencias, establecimientos recreativos...), con el propósito de difundir los estándares mínimos necesarios para lograr ambientes libres de riesgos.

Autores
Joaquín Gámez de la Hoz
Ana Padilla Fortes

INDICE

Introducción 7

CAPÍTULO 1: requerimientos técnico-sanitarios de la zona de baño en piscinas de uso colectivo en el ámbito nacional
1.1. Diseño de la zona de baño: condiciones de seguridad del vaso y el andén 11
1.2. Equipamientos técnicos, componentes y dispositivos de seguridad 12
1.3. Sistemas de información de seguridad 14
1.4. Elementos de accesibilidad, protección y ayudas técnicas 14
1.5. Atracciones acuáticas: toboganes, trampolines, otros 14

CAPÍTULO 2: requerimientos técnico-sanitarios de la zona de baño en piscinas de uso colectivo en Andalucía
2.1. Diseño de la zona de baño: condiciones de seguridad del vaso y el andén 19
2.2. Equipamientos técnicos, componentes y dispositivos de seguridad 20
2.3. Sistemas de información de seguridad 21
2.4. Elementos de accesibilidad, protección y ayudas técnicas 22
2.5. Atracciones acuáticas: toboganes, trampolines, otros 24

CAPÍTULO 3: requerimientos técnico-sanitarios de la zona de baño en piscinas de uso colectivo en Asturias
3.1. Diseño de la zona de baño: condiciones de seguridad del vaso y el andén 27
3.2. Equipamientos técnicos, componentes y dispositivos de seguridad 28
3.3. Sistemas de información de seguridad 29
3.4. Elementos de accesibilidad, protección y ayudas técnicas 29
3.5. Atracciones acuáticas: toboganes, trampolines, otros 30

CAPÍTULO 4: requerimientos técnico-sanitarios de la zona de baño en piscinas de uso colectivo en Aragón

4.1. Diseño de la zona de baño: condiciones de seguridad del vaso y el andén 33
4.2. Equipamientos técnicos, componentes y dispositivos de seguridad 34
4.3. Sistemas de información de seguridad 35
4.4. Elementos de accesibilidad, protección y ayudas técnicas ... 36
4.5. Atracciones acuáticas: toboganes, trampolines, otros 37

CAPÍTULO 5: requerimientos técnico-sanitarios de la zona de baño en piscinas de uso colectivo en Cantabria

5.1. Diseño de la zona de baño: condiciones de seguridad del vaso y el andén 41
5.2. Equipamientos técnicos, componentes y dispositivos de seguridad 42
5.3. Sistemas de información de seguridad 42
5.4. Elementos de accesibilidad, protección y ayudas técnicas ... 43
5.5. Atracciones acuáticas: toboganes, trampolines, otros 43

CAPÍTULO 6: requerimientos técnico-sanitarios de la zona de baño en piscinas de uso colectivo en Castilla-La Mancha

6.1. Diseño de la zona de baño: condiciones de seguridad del vaso y el andén 47
6.2. Equipamientos técnicos, componentes y dispositivos de seguridad 49
6.3. Sistemas de información de seguridad 50
6.4. Elementos de accesibilidad, protección y ayudas técnicas ... 51
6.5. Atracciones acuáticas: toboganes, trampolines, otros 53

CAPÍTULO 7: requerimientos técnico-sanitarios de la zona de baño en piscinas de uso colectivo en Castilla y León

7.1. Diseño de la zona de baño: condiciones de seguridad del vaso y el andén 57
7.2. Equipamientos técnicos, componentes y dispositivos de seguridad 59
7.3. Sistemas de información de seguridad 60
7.4. Elementos de accesibilidad, protección y ayudas técnicas ... 61
7.5. Atracciones acuáticas: toboganes, trampolines, otros 61

CAPÍTULO 8: requerimientos técnico-sanitarios de la zona de baño en piscinas de uso colectivo en Cataluña

8.1. Diseño de la zona de baño: condiciones de seguridad del vaso y el andén 65

8.2. Equipamientos técnicos, componentes y dispositivos de seguridad 66

8.3. Sistemas de información de seguridad 67

8.4. Elementos de accesibilidad, protección y ayudas técnicas ... 68

8.5. Atracciones acuáticas: toboganes, trampolines, otros 68

CAPÍTULO 9: requerimientos técnico-sanitarios de la zona de baño en piscinas de uso colectivo en Extremadura

9.1. Diseño de la zona de baño: condiciones de seguridad del vaso y el andén 71

9.2. Equipamientos técnicos, componentes y dispositivos de seguridad 72

9.3. Sistemas de información de seguridad 74

9.4. Elementos de accesibilidad, protección y ayudas técnicas ... 75

9.5. Atracciones acuáticas: toboganes, trampolines, otros 76

CAPÍTULO 10: requerimientos técnico-sanitarios de la zona de baño en piscinas de uso colectivo en Galicia

10.1. Diseño de la zona de baño: condiciones de seguridad del vaso y el andén 79

10.2. Equipamientos técnicos, componentes y dispositivos de seguridad 80

10.3. Sistemas de información de seguridad 81

10.4. Elementos de accesibilidad, protección y ayudas técnicas ... 82

10.5. Atracciones acuáticas: toboganes, trampolines, otros 83

CAPÍTULO 11: requerimientos técnico-sanitarios de la zona de baño en piscinas de uso colectivo en las Islas Baleares

11.1. Diseño de la zona de baño: condiciones de seguridad del vaso y el andén 87

11.2. Equipamientos técnicos, componentes y dispositivos de seguridad 88

11.3. Sistemas de información de seguridad 89

11.4. Elementos de accesibilidad, protección y ayudas técnicas ... 89

11.5. Atracciones acuáticas: toboganes, trampolines, otros 90

CAPÍTULO 12: requerimientos técnico-sanitarios de la zona de baño en piscinas de uso colectivo en las Islas Canarias

12.1. Diseño de la zona de baño: condiciones de seguridad del vaso y el andén ... 93

12.2. Equipamientos técnicos, componentes y dispositivos de seguridad ... 95

12.3. Sistemas de información de seguridad ... 96

12.4. Elementos de accesibilidad, protección y ayudas técnicas ... 96

12.5. Atracciones acuáticas: toboganes, trampolines, otros ... 97

CAPÍTULO 13: requerimientos técnico-sanitarios de la zona de baño en piscinas de uso colectivo en Madrid

13.1. Diseño de la zona de baño: condiciones de seguridad del vaso y el andén ... 101

13.2. Equipamientos técnicos, componentes y dispositivos de seguridad ... 102

13.3. Sistemas de información de seguridad ... 104

13.4. Elementos de accesibilidad, protección y ayudas técnicas ... 104

13.5. Atracciones acuáticas: toboganes, trampolines, otros ... 105

CAPÍTULO 14: requerimientos técnico-sanitarios de la zona de baño en piscinas de uso colectivo en Murcia

14.1. Diseño de la zona de baño: condiciones de seguridad del vaso y el andén ... 109

14.2. Equipamientos técnicos, componentes y dispositivos de seguridad ... 110

14.3. Sistemas de información de seguridad ... 111

14.4. Elementos de accesibilidad, protección y ayudas técnicas ... 112

14.5. Atracciones acuáticas: toboganes, trampolines, otros ... 113

CAPÍTULO 15: requerimientos técnico-sanitarios de la zona de baño en piscinas de uso colectivo en Navarra

15.1. Diseño de la zona de baño: condiciones de seguridad del vaso y el andén ... 117

15.2. Equipamientos técnicos, componentes y dispositivos de seguridad ... 118

15.3. Sistemas de información de seguridad ... 120

15.4. Elementos de accesibilidad, protección y ayudas técnicas ... 120

15.5. Atracciones acuáticas: toboganes, trampolines, otros ... 121

CAPÍTULO 16: requerimientos técnico-sanitarios de la zona de baño en piscinas de uso colectivo en el País Valenciano

16.1. Diseño de la zona de baño: condiciones de seguridad del vaso y el andén 125

16.2. Equipamientos técnicos, componentes y dispositivos de seguridad 127

16.3. Sistemas de información de seguridad 128

16.4. Elementos de accesibilidad, protección y ayudas técnicas ... 128

16.5. Atracciones acuáticas: toboganes, trampolines, otros 129

CAPÍTULO 17: requerimientos técnico-sanitarios de la zona de baño en piscinas de uso colectivo en el País Vasco

17.1. Diseño de la zona de baño: condiciones de seguridad del vaso y el andén 133

17.2. Equipamientos técnicos, componentes y dispositivos de seguridad 135

17.3. Sistemas de información de seguridad 136

17.4. Elementos de accesibilidad, protección y ayudas técnicas ... 137

17.5. Atracciones acuáticas: toboganes, trampolines, otros 138

CAPÍTULO 18: requerimientos técnico-sanitarios de la zona de baño en piscinas de uso colectivo en La Rioja

18.1. Diseño de la zona de baño: condiciones de seguridad del vaso y el andén 143

18.2. Equipamientos técnicos, componentes y dispositivos de seguridad 144

18.3. Sistemas de información de seguridad 145

18.4. Elementos de accesibilidad, protección y ayudas técnicas ... 145

18.5. Atracciones acuáticas: toboganes, trampolines, otros 146

Anexo: Cuadro resumen sobre requerimientos de seguridad en la zona de baño en piscinas de uso colectivo 147

Bibliografía 155

INTRODUCCIÓN

Los reglamentos técnicos de las piscinas de uso colectivo son aprobados por normas autonómicas con rango de Decreto, al margen de otra normativa sectorial de aplicación reguladora de elementos presentes en las instalaciones asociadas (código técnico de la edificación, reglamento de instalaciones térmicas de edificios, reglamento electrotécnico de baja tensión, seguridad química, formación y capacitación del personal, vertidos, etc).

Estos reglamentos, publicados en los boletines o diarios oficiales de los gobiernos de las comunidades autónomas, son de obligado cumplimiento. Establecen las responsabilidades legales en materia de seguridad y salud en las piscinas de uso colectivo. Estos deberes alcanzan a una amplia variedad de agentes relacionados con la construcción, funcionamiento y mantenimiento de las piscinas: titulares de las instalaciones, gestores, diseñadores, proyectistas, instaladores, técnicos de mantenimiento, operarios de limpieza, socorristas, productos químicos, control de plagas, laboratorios de análisis, etc.

El objetivo fundamental de los reglamentos es garantizar la seguridad de las instalaciones y la protección de la salud pública. Para dicho propósito se establecen un conjunto de estándares verificables y criterios de seguridad para el diseño y su funcionamiento, cuyo enfoque difiere en cada comunidad autónoma, atendiendo a factores sociales, sanitarios, económicos y ambientales característicos de cada territorio.

A continuación se presenta por cada comunidad autónoma, estructurados por capítulos, los requisitos de seguridad y salud relativas a las instalaciones de tratamiento y calidad del agua en las piscinas de uso colectivo.

CAPÍTULO 1

REQUERIMIENTOS TÉCNICO-SANITARIOS DE LA ZONA DE BAÑO EN PISCINAS DE USO COLECTIVO EN EL ÁMBITO NACIONAL

Autores

Joaquín Gámez de la Hoz
Ana Padilla Fortes

1.1. Diseño de la zona de baño: condiciones de seguridad del vaso y el andén

1.2. Equipamientos técnicos, componentes y dispositivos de seguridad

1.3. Sistemas de información de seguridad

1.4. Elementos de accesibilidad, protección y ayudas técnicas

1.5. Atracciones acuáticas: toboganes, trampolines, otros

1. Requerimientos técnico-sanitarios de la zona de baño en piscinas de uso colectivo en el ámbito nacional

El código técnico de la edificación contiene la norma de seguridad de utilización y accesibilidad frente al riesgo de ahogamiento (SUA6) que se aplica a las piscinas de uso colectivo, salvo a las destinadas exclusivamente a competición o a enseñanza, quedando excluidas las piscinas de viviendas unifamiliares, así como los baños termales, los centros de tratamiento de hidroterapia y otros dedicados a usos exclusivamente médicos, los cuales cumplirán lo dispuesto en su reglamentación específica.

1.1. Diseño de la zona de baño: condiciones de seguridad del vaso y el andén.

La profundidad del vaso en piscinas infantiles será 50 cm, como máximo. En el resto de piscinas la profundidad será de 3 metros, como máximo, y contarán con zonas cuya profundidad será menor que 1,40 metros.

Los cambios de profundidad se resolverán mediante pendientes que serán, como máximo, las siguientes:

a) En piscinas infantiles el 6%;
b) En piscinas de recreo o polivalentes, el 10 % hasta una profundidad de 1,40 metros y el 35% en el resto de las zonas.

En zonas cuya profundidad no exceda de 1,50 m, el material del fondo será de Clase 3 en función de su resbaladicidad, determinada de acuerdo con lo especificado en la norma SUA 1. Los suelos se clasifican, en función de su valor de resistencia al deslizamiento (Rd), de acuerdo con lo establecido en la siguiente tabla:

Tabla. Clasificación de los suelos según su resbaladicidad

Resistencia al deslizamiento Rd	Clase
Rd ≤ 15	0
15 < Rd ≤35	1
35< Rd ≤45	2
Rd > 45	3

El valor de resistencia al deslizamiento Rd se determina mediante el ensayo del péndulo descrito en el Anejo A de la norma UNE-ENV 12633:2003 empleando la escala C en probetas sin desgaste acelerado. La muestra seleccionada será representativa de las condiciones más desfavorables de resbaladicidad.

En zonas de las piscinas previstas para usuarios descalzos y en el fondo de los vasos, en las zonas en las que la profundidad no exceda de 1,50 metros, los suelos durante la vida útil del pavimento, como mínimo, deben ser de la clase 3.

Además el suelo del andén o playa que circunda el vaso será de clase 3 conforme a lo establecido en la citada norma SUA 1, tendrá una anchura de 1,20 metros, como mínimo, y su construcción evitará el encharcamiento.

1.2. Equipamientos técnicos, componentes y dispositivos de seguridad

Los huecos practicados en el vaso estarán protegidos mediante rejas u otro dispositivo de seguridad que impidan el atrapamiento de los usuarios.

Los pozos, depósitos, o conducciones abiertas que sean accesibles a personas y presenten riesgo de ahogamiento estarán equipados con sistemas de protección, tales como tapas o rejillas, con la suficiente rigidez y resistencia, así como con cierres que impidan su apertura por personal no autorizado.

Las piscinas en las que el acceso de niños a la zona de baño no esté controlado dispondrán de barreras de protección que impidan su acceso al vaso excepto a través de puntos previstos para ello, los cuales tendrán elementos practicables con sistema de cierre y bloqueo.

Las barreras de protección tendrán una altura mínima de 1,20 metros, resistirán una fuerza horizontal aplicada en el borde superior de 0,5 kN/m y tendrán las condiciones constructivas establecidas en la norma de seguridad de utilización y accesibilidad frente al riesgo de caídas (SUA 1) del código técnico de la edificación. En concreto, las barreras de protección, incluidas las de las escaleras y rampas, estarán diseñadas de forma que:

a) No puedan ser fácilmente escaladas por los niños, para lo cual:
   - En la altura comprendida entre 30 cm y 50 cm sobre el nivel del suelo o sobre la línea de inclinación de una escalera no existirán puntos de apoyo, incluidos salientes sensiblemente horizontales con más de 5 cm de saliente.
   - En la altura comprendida entre 50 cm y 80 cm sobre el nivel del suelo no existirán salientes que tengan una superficie sensiblemente horizontal con más de 15 cm de fondo.

b) No tengan aberturas que puedan ser atravesadas por una esfera de 10 cm de diámetro, exceptuándose las aberturas triangulares que forman la huella y la contrahuella de los peldaños con el límite inferior de la barandilla, siempre que la distancia entre este límite y la línea de inclinación de la escalera no exceda de 5 cm.

Barrera de protección normalizada   Cerramiento de vaso no estandarizado

1.3. Sistemas de información de seguridad

Se señalizarán los puntos en donde se supere la profundidad de 1,40 metros, e igualmente se señalizará el valor de la máxima y la mínima profundidad en sus puntos correspondientes mediante rótulos al menos en las paredes del vaso y en el andén, con el fin de facilitar su visibilidad, tanto desde dentro como desde fuera del vaso.

El revestimiento interior del vaso será de color claro con el fin de permitir la visión del fondo.

1.4. Elementos de accesibilidad, protección y ayudas técnicas

Excepto en las piscinas infantiles, las escaleras alcanzarán una profundidad bajo el agua de 1 metro, como mínimo, o bien hasta 30 cm por encima del suelo del vaso.

Las escaleras se colocarán en la proximidad de los ángulos del vaso y en los cambios de pendiente, de forma que no disten más de 15 metros entre ellas. Tendrán peldaños antideslizantes, carecerán de aristas vivas y no deben sobresalir del plano de la pared del vaso.

1.5. Atracciones acuáticas: toboganes, trampolines, otros

El código técnico de la edificación no dispone de requisitos específicos para elementos recreativos instalados en piscinas, si bien merece destacarse que existen normas UNE específicas para piscinas que regulan sus condiciones de seguridad.

- UNE EN 1069-1:2001 Toboganes acuáticos de más de 2 m de altura. Parte 1: Especificaciones y métodos de ensayo.

- UNE EN 1069-2:2002 Toboganes acuáticos de más de 2 m de altura. Parte 2: Instrucciones.

- UNE-EN 13451-4:2001 Equipamiento para piscinas. Parte 4: Requisitos específicos de seguridad y métodos de ensayo adicionales para plataformas de salida.

- UNE-EN 13451-8:2001 Equipamiento para piscinas. Parte 8: Requisitos específicos de seguridad y métodos de ensayo adicionales para atracciones acuáticas.

- UNE-EN 13451-10:2004 Equipamiento para piscinas. Parte 10: Requisitos específicos de seguridad y métodos de ensayo adicionales para plataformas de salto, trampolines de salto y equipamiento asociado.

CAPÍTULO 2

REQUERIMIENTOS TÉCNICO-SANITARIOS DE LA ZONA DE BAÑO EN PISCINAS DE USO COLECTIVO EN ANDALUCÍA

Autores

Joaquín Gámez de la Hoz
Ana Padilla Fortes

2.1. Diseño de la zona de baño: condiciones de seguridad del vaso y el andén

2.2. Equipamientos técnicos, componentes y dispositivos de seguridad

2.3. Sistemas de información de seguridad

2.4. Elementos de accesibilidad, protección y ayudas técnicas

2.5. Atracciones acuáticas: toboganes, trampolines, otros

2. Requerimientos técnico-sanitarios de la zona de baño en piscinas de uso colectivo en Andalucía

Una **piscina** se define como el recinto que comporta la existencia de uno o más vasos artificiales destinados al baño o a la natación, así como las diferentes instalaciones y equipamientos necesarios para el desarrollo de estas actividades.

2.1. Diseño de la zona de baño: condiciones de seguridad del vaso y el andén

Los vasos de las piscinas de uso colectivo se clasifican en:

a) Infantiles o de "chapoteo", destinados exclusivamente a menores de seis años, sin perjuicio de su acompañamiento o vigilancia, con una profundidad no superior a cuarenta centímetros, cuyo fondo no ofrezca pendientes superiores al diez por cien (10%), y cuyo emplazamiento sea totalmente independiente, de forma que dichos menores no puedan acceder accidentalmente a otros vasos.

b) De recreo y uso polivalente, destinados al público en general, debiendo contar con zonas de profundidad inferior a un metro cuarenta centímetros.

Las paredes y el fondo del vaso serán de color claro, antideslizantes, lisos e impermeables. En su construcción se utilizarán materiales que permitan una fácil limpieza y desinfección y serán resistentes a los productos utilizados en el tratamiento y conservación del agua.

No existirán ángulos, recodos u obstáculos que dificulten la circulación del agua en el vaso, así como obstrucciones subacuáticas de cualquier naturaleza que puedan retener al bañista bajo el agua.

El fondo del vaso tendrá una pendiente mínima del dos por cien (2%) y máxima del diez por cien (10%) en profundidades menores a un metro cuarenta centímetros. La pendiente no podrá superar el treinta y cinco por cien (35%) en profundidades mayores o iguales a un metro cuarenta centímetros y menores a dos metros.

La playa o andén que tendrá una anchura mínima de un metro, será de material antideslizante, debiendo conservarse en perfectas condiciones higiénicas. Su diseño se realizará de forma que se impidan los encharcamientos y vertidos de agua al interior del vaso y estará libre de obstáculos que dificulten su correcta limpieza a fin de evitar riesgos para la salud de los usuarios.

2.2. Equipamientos técnicos, componentes y dispositivos de seguridad

El sistema de desagüe del fondo del vaso debe permitir el vaciado total del agua, que será evacuada en la red de saneamiento cuando ésta exista, y en su ausencia, donde se determine por la Administración competente. Con el fin de prevenir situaciones de riesgo que puedan afectar a las personas, el sistema estará protegido mediante rejillas u otro dispositivo de seguridad resistente a la acción corrosiva del agua.

Al finalizar la temporada de baño, los vasos permanecerán protegidos mediante lonas u otros sistemas de cerramiento con objeto de prevenir accidentes.

Lona protectora del vaso

Cobertor automático

En las proximidades del vaso se instalará un número de duchas al menos igual al número de escaleras de acceso al vaso.

El agua de la ducha y de las restantes instalaciones (fuentes, aseos, vestuarios...) procederá de la red de abastecimiento público siempre que sea posible. Si tuviera otro origen, será preceptivo el informe sanitario favorable del Delegado Provincial de la Consejería de Salud, sobre la calidad del agua y los mínimos necesarios para su potabilización.

En supuestos excepcionales, el agua de las instalaciones podrá no cumplir los requisitos exigidos por la normativa aplicable en materia de abastecimiento y control de las aguas potables, siempre que se cuente con el informe favorable del Delegado Provincial de la Consejería de Salud. En tal supuesto, será preciso que todos los puntos de suministro de agua lleven el rótulo de "agua no potable" y que en el recinto exista, al menos, un punto de abastecimiento de agua potable debidamente señalizado.

El plato de la ducha será de material antideslizante, con bordes redondeados, de fácil limpieza y desinfección y con la pendiente suficiente para permitir un desagüe sin retenciones.

Cuando la zona que rodea la playa sea de tierra, césped o arena, las duchas contarán con un sistema adecuado de grifos para el lavado de los pies, a no ser que en la piscina existan pediluvios previos a la zona de baño, que dispongan de una lámina de agua desinfectada en circulación continua, con una profundidad de al menos diez centímetros y una longitud no inferior a dos metros.

Queda prohibida la existencia de canalillo lavapiés circundante al vaso de la piscina.

Excepto en los vasos infantiles o de chapoteo, donde no será obligatorio, se colocarán flotadores salvavidas en número no inferior al de escaleras, instalados en lugares visibles y de fácil acceso para los bañistas.

Cada flotador dispondrá de una cuerda unida a él de longitud no inferior a la mitad de la máxima anchura del vaso, más tres metros.

2.3. Sistemas de información de seguridad

Los cambios de pendiente serán moderados y progresivos y estarán señalados, así como los puntos de máxima y mínima profundidad mediante rótulos u otro tipo de señalización, que serán visibles desde dentro y fuera del vaso.

Se entenderá por aforo del vaso el resultante de establecer, en las piscinas al aire libre, dos metros cuadrados de superficie de lámina de agua por usuario, y en las piscinas cubiertas tres metros cuadrados por usuario. La cifra correspondiente a éste aforo se expondrá en lugar visible, tanto en la entrada de la piscina como en su interior.

Los usuarios de piscinas de uso colectivo deberán cumplir las normas que establezca el Reglamento de Régimen Interno, que estará expuesto públicamente y en lugares visibles, tanto en la entrada de la piscina como en su interior.

2.4. Elementos de accesibilidad, protección y ayudas técnicas

Excepto en los vasos infantiles o de chapoteo en los que no es obligatorio, para el acceso al vaso se instalará una escalera como mínimo cada veinticinco metros del perímetro del vaso o fracción.

Las escaleras serán de material inoxidable, de fácil limpieza y desinfección y con peldaños de superficie plana y antideslizante, alcanzando bajo el agua la profundidad suficiente para subir con comodidad, sin llegar al fondo del vaso.

Las escaleras estarán empotradas en su extremo superior, y para evitar accidentes, se colocarán de forma que no sobresalgan del plano de la pared del vaso, teniendo los dos brazos una diferencia de altura de al menos treinta centímetros.

En caso de existir escalinatas ornamentales o rampas, éstas no sobresaldrán del plano de la pared del vaso, tendrán suelo antideslizante, aristas redondeadas y pasamanos.

Escalera empotrada

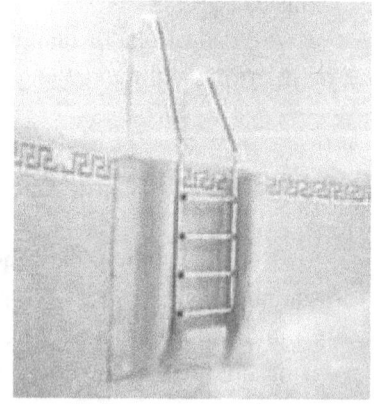
Falso empotramiento

Las piscinas de uso colectivo atenderán a lo dispuesto en la normativa vigente en materia de eliminación de barreras arquitectónicas, aprobada por Decreto 293/2009, de 7 de julio, por el que se aprueba el reglamento que regula las normas para la accesibilidad en las infraestructuras, el urbanismo, la edificación y el transporte en Andalucía. Dicho Decreto dispone que las piscinas de uso y concurrencia pública deberán cumplir los requisitos normativos sobre accesibilidad, excepto las destinadas exclusivamente a competiciones deportivas que estarán sometidas a su normativa específica y las infantiles, dada su escasa profundidad.

De acuerdo con tales requisitos, existirá, al menos, un itinerario accesible que una los vasos de las piscinas con las zonas de utilización colectiva y con los accesos a las mismas, a cuyos efectos los itinerarios peatonales, espacios al mismo nivel o entre distintos niveles y pavimentos, entre otros, reunirán las condiciones establecidas en el citado Reglamento.

Se posibilitará a las personas con movilidad reducida la entrada y salida a los vasos de las piscinas de forma autónoma y segura, para ello se dispondrá de los siguientes elementos:

a) Una grúa o elevador hidráulico debidamente homologados.

b) Una escalera accesible que cuente con dimensiones de peldaños de huella mínima de 30 centímetros y tabica de altura máxima de 16 centímetros. La huella será antideslizante. El ancho mínimo de la escalera será de 1,20 metros. Estarán dotados de doble pasamanos que reunirán las condiciones establecidas en el citado reglamento, prologándose en el arranque y final de la escalera.

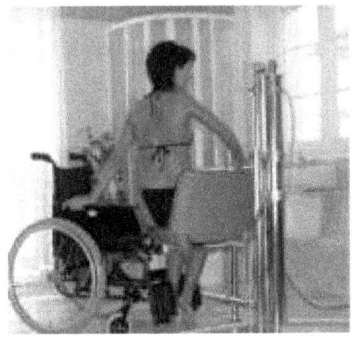 

Elevador hidráulico para discapacitados

En las piscinas de titularidad pública destinadas exclusivamente a uso recreativo, se dispondrá para el acceso a los vasos, además de las grúas o elevadores y las escaleras citadas en el apartado anterior, de rampa de acceso a la zona de menor profundidad. La pendiente de la misma no podrá superar el 8% y tendrá una anchura mínima de 0,90 metros. Su pavimento será antideslizante y no abrasivo y estará provista de pasamanos a ambos lados, que habrán de reunir las condiciones establecidas reglamentariamente.

Si existen vestuarios, duchas y aseos en las instalaciones donde estén ubicadas las piscinas, al menos uno de cada uno de ellos deberá ser accesible para cada sexo, según los requisitos establecidos en el Reglamento referido.

Queda prohibido entrar en la piscina con animales, sin perjuicio de lo establecido en la Ley 5/1998, de 23 de noviembre, relativa al uso en Andalucía de perros guía por personas con disfunciones visuales.

2.5. Atracciones acuáticas: toboganes, trampolines, otros

Los trampolines y plataformas serán de material inoxidable, antideslizante y no astillable y sus accesos estarán provistos de barandillas de seguridad y peldaños de superficie plana y lisa, no resbaladiza, de cantos redondeados y sin aristas vivas.

Queda prohibida la utilización de trampolines y palancas de altura superior a un metro, en vasos de recreo y uso polivalente, durante su uso para finalidades recreativas.

Los deslizadores y toboganes serán de material inoxidable, lisos, sin juntas ni solapas que puedan producir lesiones a los usuarios.

Los accesorios a que se refieren los apartados anteriores se colocarán en vasos independientes, o en zonas acotadas en los vasos de uso polivalente. Las características de construcción y montaje de todos los elementos garantizaran la seguridad de los usuarios.

CAPÍTULO 3

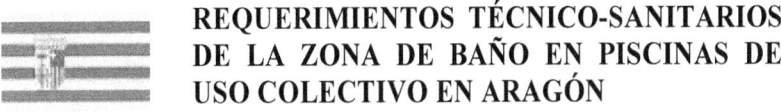

REQUERIMIENTOS TÉCNICO-SANITARIOS DE LA ZONA DE BAÑO EN PISCINAS DE USO COLECTIVO EN ARAGÓN

Autores

Joaquín Gámez de la Hoz
Ana Padilla Fortes

3.1. Diseño de la zona de baño: condiciones de seguridad del vaso y el andén
3.2. Equipamientos técnicos, componentes y dispositivos de seguridad
3.3. Sistemas de información de seguridad
3.4. Elementos de accesibilidad, protección y ayudas técnicas
3.5. Atracciones acuáticas: toboganes, trampolines, otros

3. Requerimientos técnico-sanitarios de la zona de baño en piscinas de uso colectivo en Aragón

Se consideran **piscinas colectivas** aquellas que perteneciendo a corporaciones, entidades, sociedades de carácter público o privado o personas físicas, no sean de uso exclusivamente unifamiliar.

3.1. Diseño de la zona de baño: condiciones de seguridad del vaso y el andén

Los vasos se clasifican en los siguientes tipos:

a) Infantiles o de chapoteo: Con una profundidad no superior a 50 cm. y una pendiente inferior al 10%. Estos vasos estarán construidos de manera que los niños no puedan acceder involuntariamente a otros vasos de las instalaciones que estén destinados a otros usos. Deberán tener un sistema de depuración propio o combinado con otras piscinas.

b) Recreativas y Polivalentes: Contarán con zonas cuya profundidad sea inferior a 1,40 metros.

Las características de construcción de los vasos serán tales que no presenten ángulos, recodos u obstáculos que puedan dificultar la circulación del agua. No existirán obstrucciones subacuáticas de cualquier naturaleza que pudieran retener al usuario bajo el agua.

Las paredes y el fondo del vaso serán de color claro, antideslizantes e impermeables. En su construcción se utilizarán materiales que permitan su fácil limpieza y reparación, resistentes al choque y estables frente a los productos utilizados en el tratamiento del agua.

El fondo del vaso de la piscina tendrá una pendiente comprendida entre el 2,5% y el 10% en profundidades menores de 1,60 metros. En profundidades superiores no podrá sobrepasar el 30%.

Se entenderán por playas aquellas superficies que circundan el vaso de la piscina. Su anchura no será inferior a 2 metros. Deberán ser construidas con materiales higiénicos y antideslizantes.

Su diseño se realizará de tal manera que no puedan producirse charcos y que el agua que caiga sobre ellas no pueda penetrar en el vaso; tendrán instalaciones que faciliten su limpieza y dispositivos de evacuación de las aguas que viertan directamente a la red de alcantarillado u otro sistema de evacuación adecuado.

3.2. Equipamientos técnicos, componentes y dispositivos de seguridad

Para la rápida evacuación del agua y de los sedimentos y residuos, existirá, en el fondo del vaso y en la zona de máxima profundidad, un desagüe de gran paso, que deberá estar debidamente protegido por un sistema de seguridad adecuado para evitar accidentes a los bañistas. Podrán existir otros sistemas de evacuación, siempre que resulten correctos.

Cuando la zona que rodea las playas sea de tierra, césped o arena, contarán además con pediluvios que dispongan de una lámina de agua desinfectada, en circulación continua y con un espacio obligado de paso no inferior a los 2 metros. Esta lámina de agua podrá ser sustituida por un sistema adecuado de grifos para el lavado de los pies.

El acceso de los usuarios a las playas, como zonas inmediatas al vaso de la piscina, deberá efectuarse exclusivamente a través de pasos dotados con duchas de agua potable.

Para que los usuarios accedan a la zona de baño a través de los pasos indicados, alrededor de las playas se instalarán elementos arquitectónicos o de ornamentación, que en ningún caso constituirán un obstáculo para actuaciones de emergencia.

Existirán flotadores salvavidas en las playas de las piscinas en número no inferior a las escaleras instaladas. Dispondrán de una cuerda unida a ellos de una longitud no inferior a la mitad de la máxima anchura de la piscina más tres metros, y estarán situados en lugares visibles y de fácil acceso para los bañistas.

3.3. Sistemas de información de seguridad

Se señalará siempre la profundidad máxima, mínima, 1,40 metros y en todos los cambios de pendiente.

El aforo máximo del vaso o de los vasos de la piscina se calculará en función de su superficie de lámina de agua, y será de una persona por cada dos metros cuadrados.

Señalización cambio de pendiente

Normas régimen interior

Deberán existir unas normas de régimen interno destinadas a los usuarios, expuestas en lugar bien visible a la entrada de las instalaciones y en el interior de las mismas.

3.4. Elementos de accesibilidad, protección y ayudas técnicas

La capacidad, disposición y número de los accesos a la zona de baño se establecerán en función del aforo calculado de los vasos y su dimensión será adecuada para una rápida prestación de auxilio en caso de accidente.

Excepto en las piscinas infantiles o de chapoteo, deberán instalarse escaleras de acceso al vaso de la piscina por cada 25 metros o fracción de perímetro de aquélla y en los lugares de cambio de pendiente. En cualquier caso, el mínimo será de 4 en las correspondientes esquinas, o lugares equidistantes en otras formas geométricas.

Las escaleras estarán construidas con materiales inoxidables, susceptibles de fácil limpieza, siendo sus dimensiones suficientes para ser utilizadas con comodidad y alcanzando bajo el agua la profundidad necesaria, a fin de que el usuario pueda salir fácilmente de la piscina.

Los vestuarios no presentarán barreras arquitectónicas.

3.5. Atracciones acuáticas: toboganes, trampolines, otros

Trampolín sin pasamanos

En las piscinas recreativas y polivalentes se prohíbe la existencia de palancas de saltos y trampolines por ser un factor de riesgo de accidentes, quedando su uso reducido a los fosos y piletas de saltos destinados exclusivamente a estos fines o a la competición.

CAPÍTULO 4

REQUERIMIENTOS TÉCNICO-SANITARIOS DE LA ZONA DE BAÑO EN PISCINAS DE USO COLECTIVO EN ASTURIAS

Autores

Joaquín Gámez de la Hoz
Ana Padilla Fortes

4.1. Diseño de la zona de baño: condiciones de seguridad del vaso y el andén

4.2. Equipamientos técnicos, componentes y dispositivos de seguridad

4.3. Sistemas de información de seguridad

4.4. Elementos de accesibilidad, protección y ayudas técnicas

4.5. Atracciones acuáticas: toboganes, trampolines, otros

4. Requerimientos técnico-sanitarios de la zona de baño en piscinas de uso colectivo en Asturias

Se entiende por **piscina** el conjunto de instalaciones que incluyen la existencia de uno o más vasos destinados al baño colectivo con fines deportivos, recreativos, de relajación, terapéuticos y de rehabilitación, y los equipamientos y servicios necesarios para garantizar su perfecto funcionamiento y desarrollo de estas actividades.

Las **piscinas de uso colectivo** son las piscinas de titularidad pública, así como aquellas de titularidad privada que no sean de uso particular.

Un **vaso** es definido como el espacio que, construido de acuerdo con las especificaciones recogidas en las normas sanitarias, tiene por objeto albergar agua con la calidad determinada en la presente norma para el desarrollo de las actividades propias de las piscinas anteriormente mencionadas.

4.1. Diseño de la zona de baño: condiciones de seguridad del vaso y el andén

Los vasos de las piscinas podrán ser:

a) Vaso infantil: destinado exclusivamente a niños. La profundidad no excederá de 60 cm. Estará separado de otros vasos de forma que se impida el acceso fácil o involuntario a éstos.

b) Vaso recreativo: destinado al público en general.

Los vasos de las piscinas de uso colectivo tendrán unas características que, de acuerdo con las técnicas constructivas, aseguren la estabilidad, la resistencia y la estanqueidad de su estructura. Para el descanso de los usuarios se permite la existencia de escalón perimetral.

Las paredes y el fondo del vaso estarán revestidos de materiales que serán antideslizantes e impermeables.

El fondo del vaso deberá tener la pendiente necesaria para permitir el vaciado total. Los cambios de pendiente serán moderados y progresivos.

Las superficies de todos los elementos que integran las instalaciones y los equipamientos de las piscinas deben ser de materiales resistentes a los agentes químicos, antideslizantes, ignífugos, de fácil limpieza y desinfección y se conservarán en buen estado. En la construcción o reparación se emplearán materiales idóneos y que en ningún caso sean susceptibles de originar intoxicaciones o crecimiento bacteriano. Los elementos metálicos que se empleen deben ser resistentes a la oxidación.

El paseo o playa debe estar libre de obstáculos y su anchura debe permitir un fácil acceso al vaso. El diseño de la playa tendrá una ligera pendiente hacia el exterior del vaso para evitar encharcamientos y vertidos de agua al interior del mismo.

Las instalaciones deben disponer de sistemas adecuados para efectuar la limpieza sistemática de las mismas y de evacuación de líquidos que eviten encharcamientos.

El agua procedente de los vasos podrá reutilizarse en otros usos diferentes, siempre y cuando se cumplan las condiciones establecidas en la normativa aplicable, para el uso de las instalaciones de la piscina.

4.2. Equipamientos técnicos, componentes y dispositivos de seguridad

En los paseos de los vasos descubiertos deben instalarse duchas cuyo número y distribución será tal que permita una utilización cómoda por parte de los usuarios. Las duchas estarán provistas de un desagüe, con pendiente adecuada, para evitar encharcamientos.

Si el entorno es de tierra, césped o similar, es obligatoria la existencia de pediluvios diseñados de manera que no pueda evitarse el paso por los mismos antes de la inmersión. Los pediluvios deben garantizar un flujo continuo de agua no recirculable. Los pediluvios se diseñarán de forma que faciliten el acceso de las personas con discapacidad o dispondrán de medios para facilitarlo.

El agua de las duchas y pediluvios tendrá un nivel continuo de desinfectante residual.

Las características de las instalaciones y los servicios anexos de las piscinas deben garantizar la protección contra riesgos sanitarios de todas las personas que hagan correcto uso de las instalaciones.

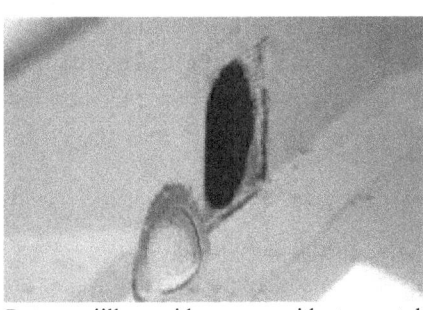

Rotura rejilla sumidero con accidente mortal

Todos los vasos tendrán al menos un desagüe general de gran paso, situado en el punto más bajo de su fondo, de tal forma que permita la evacuación rápida de la totalidad del agua y de los sedimentos y residuos que puedan existir. Los desagües deben estar protegidos mediante rejas u otros dispositivos de seguridad que en ningún caso puedan ser retirados por los bañistas. Asimismo, deben disponer de sistemas adecuados para evitar las turbulencias y el efecto de succión que pueda ser causa de accidentes.

Al finalizar la temporada de baño se adoptaran las medidas precisas para evitar el acceso a los vasos con objeto de prevenir accidentes.

La ventilación e iluminación, naturales o artificiales, serán apropiadas a la capacidad del recinto. Los puntos de iluminación deben estar protegidos frente a roturas.

Las piscinas dispondrán en todos los vasos de flotadores o dispositivos salvavidas en número no inferior a dos por vaso, ubicados en lugares visibles de la zona de estancia próxima al paseo que rodea el vaso, de fácil acceso y con una cuerda unida a ellos de una longitud no inferior a la mitad del mayor ancho del vaso más 3 metros. La existencia de dichos elementos de seguridad será voluntaria únicamente en los vasos infantiles, de hidroterapia e hidromasaje.

4.3. Sistemas de información de seguridad

Se utilizarán pictogramas para facilitar la identificación, acceso y localización de las distintas instalaciones de la piscina y para las advertencias de riesgos.

La profundidad máxima y mínima deberán estar señalizadas, como mínimo, en la zona de playa del vaso.

Aforo máximo es el número máximo de personas que pueden utilizar al mismo tiempo los vasos de la piscina en condiciones adecuadas de seguridad y salud. Se calculará en función de la suma de superficies de lámina de agua de todos los vasos que forman parte de la piscina, exceptuando los vasos infantiles. La relación de superficie de lámina de agua/usuario a dichos efectos será de 2 metros cuadrados por usuario en los vasos descubiertos y de 3 metros cuadrados en los vasos cubiertos. Se ha de colocar un cartel con el aforo máximo en un lugar visible.

Todas las piscinas dispondrán de unas normas de régimen interno para los usuarios, de obligado cumplimiento, que serán establecidas por los titulares de las instalaciones y expuestas en lugar visible a la entrada del establecimiento, así como en su interior.

4.4. Elementos de accesibilidad, protección y ayudas técnicas

Para el acceso al vaso se instalarán escaleras en número adecuado, de material inoxidable, de fácil limpieza y con peldaños de superficie plana y antideslizante. Tendrán la profundidad suficiente bajo el agua para subir con comodidad sin llegar al fondo del mismo. Se podrán instalar escaleras de obra dentro de los vasos.

En las piscinas de nueva construcción y en las que se reformen de forma sustancial, se tendrá en cuenta lo dispuesto en la Ley 5/1995, de 6 de abril, que establece normas y criterios básicos para la promoción de la accesibilidad y supresión de las barreras y obstáculos, y en su normativa de desarrollo. Igualmente se observará la normativa estatal aplicable en materia de discapacidad para facilitar el acceso a las instalaciones de las personas con discapacidad.

En las instalaciones referidas se utilizarán colores de contraste y bandas de colores contrastados para facilitar su identificación a los usuarios con deficiencia visual, especialmente en escaleras y zonas de riesgo.

Las infraestructuras dispondrán al menos de un aseo y vestuario con las especificaciones técnicas adecuadas a la legislación en materia de accesibilidad y supresión de barreras arquitectónicas y urbanísticas

Estará prohibida la entrada de animales a las instalaciones, salvo los perros guía.

4.5.   Atracciones acuáticas: toboganes, trampolines, otros

El uso de plataformas, trampolines y palancas de saltos se restringirá a los vasos destinados a saltos o competición. Este uso estará sujeto a limitación horaria o acotamiento efectivo en el caso de que se simultanee en el mismo vaso los saltos con otras actividades recreativas o deportivas.

El uso de toboganes, deslizadores y otros elementos de recreo se limitará a vasos dedicados exclusivamente a este uso recreativo o bien se ubicarán en zonas acotadas y con sistemas que imposibiliten el acceso de otros bañistas.

Ejemplo de deslizadores

CAPÍTULO 5

REQUERIMIENTOS TÉCNICO-SANITARIOS DE LA ZONA DE BAÑO EN PISCINAS DE USO COLECTIVO EN CANTABRIA

Autores

Joaquín Gámez de la Hoz
Ana Padilla Fortes

5.1. Diseño de la zona de baño: condiciones de seguridad del vaso y el andén
5.2. Equipamientos técnicos, componentes y dispositivos de seguridad
5.3. Sistemas de información de seguridad
5.4. Elementos de accesibilidad, protección y ayudas técnicas
5.5. Atracciones acuáticas: toboganes, trampolines, otros

5. Requerimientos técnico-sanitarios de la zona de baño en piscinas de uso colectivo en Cantabria

Se entiende por **piscina** el conjunto de vasos destinados al baño con fines deportivos, recreativos, de descanso o de relajación, así como las instalaciones anexas y los servicios complementarios para garantizar su adecuado funcionamiento.

Las **piscinas de uso colectivo** son todas las piscinas excluidas las de uso familiar.

El **vaso** se define como el elemento constructivo destinado a albergar el agua de las piscinas.

5.1. Diseño de la zona de baño: condiciones de seguridad del vaso y el andén

El vaso es el elemento constructivo destinado a albergar el agua de las piscinas. De los vasos recreativos generales se diferencian los de chapoteo, destinado a uso infantil, con una profundidad máxima de 0,3 metros. Y los vasos infantiles, destinado a uso infantil, con una profundidad máxima de 0,5 metros y una pendiente máxima del 6%.

En la construcción de los vasos de piscina se evitarán ángulos, recodos y obstáculos que puedan dificultar la circulación del agua o que representen peligro para los usuarios. No existirán obstrucciones subacuáticas que puedan retener al nadador debajo del agua.

Los vasos estarán construidos de forma que se asegure la estabilidad, resistencia y estanqueidad.

El fondo y las paredes de los vasos estarán revestidos de materiales que sean lisos, antideslizantes e impermeables. Los cambios de pendiente serán moderados y progresivos

El andén del vaso permitirá un fácil acceso al vaso por todos los lados y tendrá una ligera pendiente hacia el exterior del vaso para evitar encharcamientos y el revertido de agua al interior. Los materiales de paseos o andenes serán antideslizantes y tendrán una anchura mínima de 1,20 metros.

Se prohíben los canalillos lavapiés.

5.2. Equipamientos técnicos, componentes y dispositivos de seguridad

El fondo de los vasos dispondrá de un desagüe general de gran paso que permita la evacuación rápida de la totalidad del agua, sedimentos y residuos en él contenidos. Este desagüe estará adecuadamente protegido mediante dispositivos de seguridad que eviten cualquier peligro para los usuarios y que en ningún caso puedan ser retirados por los bañistas.

Con el fin de evitar accidentes, todos los vasos dispondrán de un sistema que impida el acceso a los mismos fuera del horario de funcionamiento expresamente establecido, así como al finalizar la temporada.

En los paseos que rodean los vasos descubiertos, se instalarán duchas con agua apta para el consumo humano, en número, al menos, igual al número de escaleras de acceso al vaso. La plataforma que rodea a las duchas estará impermeabilizada y presentará desagüe para evitar encharcamientos.

El número mínimo de flotadores, salvavidas u otros dispositivos de seguridad será de, al menos, dos por vaso, ubicados en lugares visibles del paseo, de fácil acceso y con una cuerda de longitud suficiente para alcanzar toda la superficie del vaso. Se exceptúa la colocación de estos elementos de seguridad en los vasos de chapoteo.

5.3. Sistemas de información de seguridad

La profundidad máxima y mínima, estará señalizada en el paseo o andén. También se señalizará la profundidad en los puntos de acceso a los vasos y en las paredes.

El aforo máximo de usuarios es el número máximo de personas que pueden utilizar al mismo tiempo las

Marca de profundidad

piscinas de uso colectivo y, en su caso, otras instalaciones deportivas, de restauración, etc.

Todas las piscinas de uso colectivo dispondrán de un reglamento de régimen interno que contendrá las normas de obligado cumplimiento por el usuario de la misma y el aforo máximo, los cuales deberán estar expuestos en lugar visible y ser proporcionado por escrito al usuario que lo solicite.

5.4. Elementos de accesibilidad, protección y ayudas técnicas

En cada vaso, se instalarán al menos 2 escaleras, preferentemente en los ángulos, de forma que no exista entre ellas una distancia superior a 15 metros medidos en el perímetro del vaso. Los peldaños deben ser antideslizantes, sin aristas vivas y no deben sobresalir del plano de la pared del vaso. Podrán existir escalinatas o rampas de obra que dispongan de barandilla cuyo número computará para la determinación del número total.

Escalinata con pasamanos

Se excluye de la obligación de colocar escaleras en los vasos de chapoteo, así como en los vasos termales y/o de relajación o similares cuyo diseño garantice la accesibilidad al vaso sin éstas

Las piscinas de nueva construcción y las que se reformen de forma sustancial cumplirán lo dispuesto en la legislación vigente sobre accesibilidad y supresión de barreras arquitectónicas

5.5. Atracciones acuáticas: toboganes, trampolines, otros

Los materiales, el diseño, la construcción y la colocación de instalaciones acuáticas, garantizarán la seguridad de los usuarios. Su diseño deberá permitir la limpieza periódica de las instalaciones.

Se justificará que las instalaciones acuáticas han sido realizadas según los proyectos técnicos aprobados y cumplen los requisitos de seguridad previstos en los mismos, mediante certificados suscritos por técnicos competentes y visados por los correspondientes colegios profesionales. Las instalaciones se ajustarán a las normas UNE vigentes.

Zona de juego infantil no acotada

Los toboganes y palancas instaladas a nivel del paseo deberán disponer de una superficie de recepción en el vaso de uso exclusivo, con el fin de evitar el encuentro de los usuarios con otros usuarios cuando lleguen al agua. Por tanto, deberá evitarse el cruce de trayectos entre usuarios de las distintas instalaciones.

Se prohíbe la instalación de trampolines, excepto en los vasos destinados a saltos exclusivamente.

CAPÍTULO 6

REQUERIMIENTOS TÉCNICO-SANITARIOS DE LA ZONA DE BAÑO EN PISCINAS DE USO COLECTIVO EN CASTILLA-LA MANCHA

Autores

Joaquín Gámez de la Hoz
Ana Padilla Fortes

6.1. Diseño de la zona de baño: condiciones de seguridad del vaso y el andén
6.2. Equipamientos técnicos, componentes y dispositivos de seguridad
6.3. Sistemas de información de seguridad
6.4. Elementos de accesibilidad, protección y ayudas técnicas
6.5. Atracciones acuáticas: toboganes, trampolines, otros

6. Requerimientos técnico-sanitarios de la zona de baño en piscinas de uso colectivo en Castilla-La Mancha

Se entiende por **piscina** al recinto formado por el conjunto de instalaciones destinadas principalmente al baño o a la natación y que contiene una o más zonas de baño, con uno o más vasos artificiales, y una zona de estancia, incluyéndose los equipamientos y elementos anexos necesarios para garantizar su correcto funcionamiento, así como los servicios complementarios opcionales que se pongan a disposición del usuario.

Las **piscinas de uso colectivo** son todas las piscinas, a excepción de las piscinas de uso particular, sea cual sea su titularidad y características.

Se considera **vaso** al elemento artificial construido con el objeto de albergar el agua para el baño, el cual puede tener una o varias zonas.

6.1. Diseño de la zona de baño: condiciones de seguridad del vaso y el andén

Dependiendo de su utilización y tipo de usuarios a los que están destinados, los vasos se clasifican en vasos para deportes de competición y saltos, infantil o chapoteo, de recreo, de enseñanza y de utilización múltiple.

El vaso infantil o de chapoteo es el destinado al público infantil, hasta los seis años, así como para su acompañante o vigilante. Deberá estar independizado físicamente mediante una separación de al menos 2 metros de distancia a otro vaso o con un elemento vertical de al menos 1,20 metros de altura que sirva de separación entre vasos, de manera que los niños no puedan acceder involuntariamente a otros vasos anexos con distinta clasificación. Contarán con una profundidad máxima de 50 cm, y con pendiente adecuada, siendo en los vasos de nueva construcción o gran reforma del 6%. Los niños que accedan a estas zonas, permanecerán bajo la vigilancia de un adulto, que será el responsable de su custodia.

El vaso de recreo es el destinado al público en general, que deberá reunir las siguientes especificaciones:

a) deberá contar con un área de no nadadores, con una profundidad mínima adecuada, que podrá ir aumentando progresivamente hacia el área de nadadores. De manera excepcional, las piscinas de uso colectivo, podrán disponer de un vaso exclusivo para nadadores debidamente señalizado con la leyenda "vaso exclusivo de nadadores" tanto en la entrada de la piscina como en las proximidades del vaso. En los vasos de nueva construcción o gran reforma, la profundidad máxima será de 3 m., y contará con una zona cuya profundidad será menor de 1,40 m.

b) los cambios de pendiente serán progresivos y moderados, evitándose desniveles bruscos en el paso de un área a otra. En los vasos de nueva construcción o gran reforma, la pendiente será como máximo del 10% hasta una profundidad de 1,40 m., no superando, el resto de las zonas, el 35%.

Las formas y características de los vasos evitarán ángulos, recodos y obstáculos que dificulten la circulación del agua, su limpieza, la vigilancia de los bañistas y representen peligro para los usuarios.

Los vasos estarán construidos de tal forma que se asegure la estabilidad, resistencia y estanqueidad de su estructura. Las paredes y el fondo estarán revestidos de materiales lisos de color claro que faciliten su limpieza y desinfección. Serán impermeables, resistentes a la abrasión y al choque y estables frente a los productos utilizados en el tratamiento del agua. En los vasos de nueva construcción o gran reforma, el fondo será antideslizante en las zonas con una profundidad menor a 1,5 metros.

En todas las piscinas de uso colectivo, deberá existir un andén o playa rodeando a cada vaso, salvo que se evidencie una imposibilidad constructiva, que no será superior al 25% del total del perímetro del vaso.

El andén será de material antideslizante y que evite la acumulación de agua en su superficie, manteniéndose en perfecto estado de higiene. Este andén, en el caso de piscinas descubiertas tendrá una anchura entre 1 y 3 metros, salvo en las piscinas de nueva construcción o gran reforma, donde la anchura mínima del andén será de 1,2 metros.

El andén se construirá con ligera pendiente hacia el exterior del vaso para evitar encharcamientos y el reflujo de agua hacia el mismo. Su acceso será restringido a los bañistas descalzos o con calzado apropiado para esta zona. El paseo estará libre de impedimentos y obstáculos que dificulten su correcta limpieza y con objeto de evitar riesgos para los usuarios.

Queda prohibida la existencia de canalillo lavapiés perimetral circundante al vaso de la piscina.

6.2. Equipamientos técnicos, componentes y dispositivos de seguridad

En la terminación del andén, en su parte exterior, y circundante al vaso, existirá, por motivos de seguridad, vallas o elementos decorativos, ornamentales u otros de delimitación física, con dimensiones adecuadas para no ser evitados, sin constituir un obstáculo para las actuaciones de emergencia. El vallado o cierre perimetral será discontinuo en los puntos donde se sitúen los accesos de los bañistas a los vasos.

En los vasos infantiles y los de uso exclusivo para deportes de competición y saltos no será obligatorio el cierre o vallado perimetral. Tampoco lo será en las piscinas cubiertas.

En la zona de máxima profundidad, cualquiera que sea su hidráulica, tendrá, como mínimo, un desagüe «de

Barrera de protección del vaso

gran paso que permita la evacuación rápida de la totalidad del agua y los sedimentos y residuos que puedan existir. Estará protegido mediante dispositivos de seguridad que eviten cualquier peligro para los usuarios, así como de sistemas adecuados para evitar turbulencias y el efecto de succión, y que puedan ser causa de accidentes. En su caso, el vaciado se realizará, en ausencias de bañistas, a la red de saneamiento.

El acceso de los bañistas a los vasos de las piscinas descubiertas, se verificará exclusivamente a través de pasos obligados, dotados de duchas de agua que cumpla con las especificaciones reglamentarias. La distribución y el número de accesos será la que facilite la adecuada accesibilidad a los mismos para una correcta atención sanitaria. A efecto del cómputo total de duchas exteriores, se tendrán en cuenta las de estos accesos.

Opcionalmente, estas duchas podrán dotarse de sistemas automáticos que se pongan en funcionamiento cuando los bañistas las atraviesen.

En los vasos infantiles y en los de uso exclusivo para deportes de competición y saltos no será obligatorio el paso obligado de acceso a los vasos. Tampoco lo será en las piscinas cubiertas.

En el caso de existir pediluvios, el agua de éstos deberá cumplir con lo especificado reglamentariamente. Asimismo, la zona del pediluvio deberá estar en adecuadas condiciones higiénico-sanitarias.

6.3. Sistemas de información de seguridad

En todas las piscinas de uso colectivo existirá un cartel informativo, en la entrada al recinto de la piscina, de la profundidad mínima y máxima de los vasos.

Deberá señalizarse al menos la máxima y mínima profundidad, así como el paso de la zona de no nadadores a la zona de nadadores con el fin de facilitar su visibilidad desde fuera y dentro del vaso. La señalización se realizará mediante rótulos o franjas de 10 cm de ancho indicándose la profundidad en metros. Dicha señalización se realizará en el borde y andén del vaso. En los vasos de nueva construcción o gran reforma además se señalizará el fondo y las paredes

Cuando los vasos cuenten con iluminación interior, deberá estar instalada de forma que se proyecte una iluminación intensa y uniforme, permitiendo ver el fondo de la piscina, especialmente en los cambios de pendiente, sin producir deslumbramientos o reflejos en el agua.

El aforo de usuarios es el número máximo de usuarios, fijados por el titular del establecimiento, que pueden acceder a la piscina, sin que suponga un incremento del riesgo no controlable para su salud y seguridad. El aforo máximo de usuarios será establecido de forma que cada usuario cuente con, al menos, 5 metros cuadrados de la superficie de la piscina.

Por otra parte, el aforo de bañistas es el número máximo de bañistas por cada vaso. El aforo máximo de bañistas será establecido de forma que cada bañista cuente con 1 metro cuadrado de lámina de agua en las piscinas descubiertas y 2 metros cuadrados de lámina de agua en las cubiertas. En las piscinas mixtas se estará a lo dispuesto en este artículo dependiendo de su uso.

El aforo debe garantizar el bienestar de los usuarios permitiendo una cómoda utilización de las instalaciones. En casos excepcionales, se podrá autorizar por parte de la autoridad competente un aforo de usuarios diferente al máximo señalado anteriormente, previa solicitud del titular de la piscina. Conjuntamente con la solicitud, el titular deberá justificar el incremento del aforo, presentando un plan que garantice la seguridad de los usuarios y una propuesta del nuevo aforo máximo de usuarios.

En las piscinas de comunidades de vecinos en fase de construcción, estos aforos serán recogidos en la documentación que los vendedores de las mismas faciliten al comprador, junto con las dimensiones de los vasos y de las instalaciones complementarias.

Todas las piscinas de uso colectivo dispondrán de un reglamento de uso interno, en el que se establecerán las normas de obligado cumplimiento para los usuarios y para la correcta utilización de las instalaciones. Uno de sus objetivos será evitar riesgos para la salud y la seguridad de los usuarios. El resumen de contenidos de estas normas, estará expuesto en lugar visible, tanto a la entrada de la piscina como en el interior de la misma.

6.4. Elementos de accesibilidad, protección y ayudas técnicas

Se instalarán escaleras de forma obligatoria en las proximidades de los ángulos del vaso, y en todo caso no habrá una distancia superior a 15 metros entre cualquier punto ocupable del vaso y la escalera más próxima. A este efecto se tendrá en cuenta la existencia de rampas y escalinatas. En el caso de que por la forma de la piscina no sea posible su situación en los ángulos del vaso, se instalarán en los cambios de dirección, en un número no inferior a 4 por vaso, distribuidas adecuadamente.

Escalera en ángulo del vaso

Estarán construidas con materiales inoxidables, de fácil limpieza, sin aristas vivas y con peldaños antideslizantes, de forma que garanticen en todo momento la seguridad del usuario.

Las dimensiones serán adecuadas para su cómoda utilización, y alcanzarán bajo el agua la profundidad suficiente para que el bañista pueda salir con facilidad. No llegarán al fondo para evitar la acumulación de sedimentos. En los vasos de nueva construcción o gran reforma, las escaleras alcanzarán una profundidad mínima bajo el agua de 1 metros, o bien sobresaldrán 0,30 metros por encima del suelo del vaso.

Las escalinatas ornamentales o rampas que puedan existir deberán garantizar la salubridad del agua, serán de material antideslizante y estarán dotadas de dispositivos de seguridad para los bañistas.

Queda excluida la obligatoriedad de la instalación de escaleras, en los vasos infantiles.

Las piscinas de uso colectivo atenderán a lo dispuesto en la normativa vigente en materia de accesibilidad y eliminación de barreras.

Escalinata sin pasamanos

Está prohibida la presencia de animales en el recinto de la las piscinas, a excepción de los perros guía.

6.5. Atracciones acuáticas: toboganes, trampolines, otros

Trampolines para vaso deportivo

Con objeto de prevenir accidentes, se prohíbe la utilización de toboganes, trampolines y palancas al público general en las piscinas de uso colectivo. El uso de trampolines y palancas se restringirá a los vasos destinados a saltos o competición. Este uso estará sujeto a limitación horaria en el caso de que se simultanee en el mismo vaso la actividad recreativa y la de entrenamiento.

También se prohíbe el uso de elementos que dificulten la vigilancia y la visibilidad de la zona de baño.

CAPÍTULO 7

REQUERIMIENTOS TÉCNICO-SANITARIOS DE LA ZONA DE BAÑO EN PISCINAS DE USO COLECTIVO EN CASTILLA-LEÓN

Autores

Joaquín Gámez de la Hoz
Ana Padilla Fortes

7.1.   Diseño de la zona de baño: condiciones de seguridad del vaso y el andén

7.2.   Equipamientos técnicos, componentes y dispositivos de seguridad

7.3.   Sistemas de información de seguridad

7.4.   Elementos de accesibilidad, protección y ayudas técnicas

7.5.   Atracciones acuáticas: toboganes, trampolines, otros

7. Requerimientos técnico-sanitarios de la zona de baño en piscinas de uso colectivo en Castilla-León

Se entiende por **piscina** el conjunto de instalaciones y construcciones que constituyen el soporte necesario para la práctica del baño colectivo y de la natación, y de aquellas otras accesorias, incluidas todas en el mismo recinto.

Son **piscinas de uso público** las pertenecientes a corporaciones, entidades, instituciones, alojamientos turísticos y sociedades, con independencia de que su titularidad sea pública o privada.

7.1. Diseño de la zona de baño: condiciones de seguridad del vaso y el andén

Independientemente de su ubicación al aire libre o en recintos cerrados, se definen las siguientes modalidades generales de vasos:

a) De chapoteo o infantiles. Son aquéllos destinados a juegos libres y vigilados de usuarios menores de seis años. Su emplazamiento será independiente y aislado de la zona de adultos, de manera que los niños no puedan acceder fácilmente a los vasos destinados a otros usos.

La profundidad de estos vasos será la adecuada para sus destinatarios y el suelo no ofrecerá pendientes excesivas, estando construidos con materiales antideslizantes y de fácil limpieza. Su sistema de depuración será independiente del de los vasos destinados a adultos.

b) De recreo y polivalentes. Son aquellos destinados al público en general. Su profundidad máxima y mínima, así como las variaciones significativas en su pendiente, deberán estar señaladas de manera que sean visibles tanto desde el exterior como desde el interior del vaso.

El vaso de la piscina estará construido de acuerdo con lo que establezca la técnica para esta clase de obras, no debiendo existir ángulos, recodos ni obstáculos que dificulten la libre circulación y renovación del agua o representen un peligro para los usuarios. En todo caso deberán reunir las condiciones de estabilidad, resistencia y estanqueidad.

No existirán obstrucciones subacuáticas susceptibles de retener al usuario bajo el agua.

Las paredes serán verticales y su revestimiento liso, impermeable y de color claro. El fondo, de color claro y superficie antideslizante, tendrá una pendiente mínima para facilitar el desagüe. Las paredes y el fondo serán de fácil limpieza y reparación, resistentes a la abrasión y al choque y estables frente a los productos utilizados en el tratamiento del agua.

Podrán existir, en los paramentos verticales del vaso, pequeños escalonamientos susceptibles de ser utilizados por el bañista como soporte de descanso.

En piscinas al aire libre será preceptivo el vaciado total de cada vaso antes del comienzo de la temporada, así como la limpieza, desinfección y reparación de sus paredes, fondo y accesorios. En el caso de vasos incluidos en piscinas cubiertas, de funcionamiento permanente, el vaciado deberá efectuarse, al menos, una vez cada seis meses, para realizar idénticas operaciones a las descritas en el párrafo anterior.

En ambos casos, el titular de la instalación lo pondrá en conocimiento del Servicio Territorial de Sanidad y Bienestar Social con 48 horas de antelación previas al nuevo llenado.

El paseo o andén que rodea el vaso estará libre de impedimentos y será de material higiénico y antideslizante.

El andén tendrá una anchura mínima adecuada para sus fines y una pendiente hacia el exterior del vaso suficiente para evitar

Anchura adecuada del andén

encharcamientos y vertidos de agua al interior del vaso. Dispondrá de bocas de riego con el fin, de poder realizar periódicamente su limpieza y desinfección y de dispositivos de evacuación de las aguas, que verterán directamente a la red de saneamiento.

Se prohíbe la existencia de canalillo lavapiés perimetral.

7.2. Equipamientos técnicos, componentes y dispositivos de seguridad

Todo vaso tendrá, al menos, un desagüe general de gran paso, situado en el punto más bajo de su fondo, de tal forma que permita la evacuación rápida de la totalidad del agua y de los sedimentos y residuos en él contenidos, sin que en ningún caso se pueda recircular este agua para el uso de las instalaciones de la piscina.

El desagüe deberá estar adecuada y obligatoriamente protegido mediante los dispositivos de seguridad necesarios que eviten posibles accidentes, e instalado de forma que no pueda ser removido por los bañistas. En cuanto al sistema de protección, éste se adecuará a los avances de la técnica en lo relativo a la abertura de sus elementos u otros dispositivos, de tal manera que eviten el efecto succión y la subsiguiente retención del usuario en inmersión.

En piscinas al aire libre, el acceso de los usuarios a la zona de baño se realizará exclusivamente a través de puntos de paso obligado hacia el vaso. Estos pasos irán dotados de pediluvios con duchas. Las duchas, de agua potable, se instalarán en número proporcional a las dimensiones de la entrada. Los pediluvios ocuparán todo el ancho del acceso y dispondrán de una lámina de agua desinfectada y en circulación continua, con unas dimensiones en dirección al vaso suficientes para que los usuarios no los puedan evitar para acceder a la zona de baño.

El número, capacidad y disposición de los pasos de acceso obligado a la zona de baño se establecerán en función del aforo del vaso, y en todo caso posibilitarán una rápida prestación de auxilios en caso de accidente.

Los pediluvios se diseñarán de manera que faciliten el acceso a minusválidos y no produzcan accidentes. Estarán construidos con materiales antimoho y antideslizantes.

Las zonas de baño estarán cercadas mediante elementos arquitectónicos, ornamentales o de otra índole, para evitar la entrada por otros lugares que no sean los pediluvios. Su altura no deberá dificultar la función de vigilancia del socorrista.

Cuando por impedimentos mayores de carácter técnico, entre los pasos obligados y la zona de baño, persista una zona de tierra, césped o arena, suficiente como para ser utilizada por el bañista como de estancia, se instalarán en las proximidades del vaso un número de duchas de agua potable igual al número de escaleras de acceso al vaso y, en cualquier caso, las correspondientes a los ángulos de éste.

La plataforma que rodee la ducha deberá ser impermeable higiénica y antideslizante. Tendrá la pendiente mínima necesaria para permitir un rápido desagüe, que será directo, rió permitiéndose la recirculación de este agua para otros usos.

En caso de persistir dificultades técnicas insalvables para el cumplimiento de lo establecido en este artículo, el Servicio Territorial de Sanidad y Bienestar Social podrá autorizar determinadas adecuaciones, previa presentación del oportuno proyecto técnico, siempre y cuando con ellas se garantice plenamente la calidad sanitaria del agua de los vasos y del resto de las instalaciones, así como la integridad física de los usuarios.

En las proximidades de cada vaso, excepto los de chapoteo, en lugares visibles y de fácil acceso, se situarán un mínimo de dos flotadores salvavidas. Asimismo se dispondrá de una cuerda de longitud no inferior a la mitad de la máxima anchura del vaso más 3 metros.

7.3. Sistemas de información de seguridad

Los cambios de pendiente serán suaves y la altura del agua deberá estar convenientemente señalada en estos puntos y en los de máxima y mínima profundidad, siendo visibles para el usuario tanto desde el interior del vaso como desde el exterior.

Señal profundidad

El aforo del vaso vendrá determinado por su superficie, de tal manera que en los momentos de máxima afluencia de usuarios se disponga, como mínimo, de 2 metros cuadrados de lámina de agua por bañista simultáneo, en piscinas al aire libre, y de 3 metros cuadrados en piscinas cubiertas.

En ningún caso se permitirá la permanencia continuada en los vasos de un número de usuarios superior al de su aforo máximo.

Toda piscina deberá tener expuestas, tanto a la entrada del recinto como en su interior y en lugar bien visible, unas normas higiénico-sanitarias destinadas a los usuarios.

7.4. Elementos de accesibilidad, protección y ayudas técnicas

Independientemente de la existencia de escalinatas y rampas ornamentales que formen parte del vaso, en las proximidades de los ángulos de éste y a cada lado de las paredes en los cambios bruscos de pendiente del fondo, se instalarán escaleras con pasamanos de material inoxidable y peldaños de superficie plana y antideslizante. Estarán empotradas, al menos, en su parte superior y no tendrán aristas vivas. Si las dimensiones del vaso lo aconsejan, se instalarán más escaleras, de manera que entre una y otra no haya, nunca una distancia superior a los 15 metros de perímetro.

Las escaleras estarán remetidas en la pared del vaso, de forma que no sobresalgan de sus paramentos verticales. Alcanzarán bajo el agua la profundidad suficiente para salir con comodidad del vaso lleno, no debiendo llegar nunca hasta el fondo para evitar la acumulación de impurezas.

7.5. Atracciones acuáticas: toboganes, trampolines, otros

Los trampolines, palancas, plataformas y torres de saltos de los vasos destinados a saltos, así como los que ocasionalmente se instalen en los vasos de recreo o polivalentes, serán de materiales inoxidables, antideslizantes y de fácil limpieza y desinfección.

Contarán con escaleras de acceso provistas de barandillas de seguridad y los peldaños serán de superficie plana, antideslizante y sin aristas vivas. Su diseño, construcción, ubicación y la calidad de sus materiales garantizarán en todo momento la seguridad de los usuarios.

La profundidad de los vasos se proyectará en función de la altura de los mencionados elementos.

No se permitirá la utilización de los trampolines y palancas de más de 1 metro de altura sobre la lámina de agua durante el uso del vaso para fines recreativos, salvo cuando aquellos estén situados en zonas destinadas exclusivamente para saltos, perfectamente acotadas y señalizadas, de forma que su utilización no entrañe riesgo alguno para el resto de los bañistas.

Los trampolines y palancas de más de 3 metros de altura sobre la lámina de agua sólo podrán utilizarse en aquellos vasos destinados exclusivamente para saltos.

Los toboganes y deslizadores serán de materiales inoxidables, lisos, sin juntas ni solapas que pudieran ocasionar lesiones a los usuarios, y de fácil limpieza y desinfección. Las escaleras de acceso tendrán inclinación moderada, contarán con pasamanos de seguridad y peldaños antideslizantes y sin aristas vivas. Si situarán en vasos especiales o bien, en el caso de ubicarse en vasos destinados al recreo y polivalentes, en zonas acotadas en las que su utilización no suponga riesgo ni molestias para el resto de los bañistas. La zona de caída estará convenientemente señalizada y apartada de una posible zona destinada a saltos.

Toboganes

CAPÍTULO 8

REQUERIMIENTOS TÉCNICO-SANITARIOS DE LA ZONA DE BAÑO EN PISCINAS DE USO COLECTIVO EN CATALUÑA

Autores

Joaquín Gámez de la Hoz
Ana Padilla Fortes

8.1. Diseño de la zona de baño: condiciones de seguridad del vaso y el andén

8.2. Equipamientos técnicos, componentes y dispositivos de seguridad

8.3. Sistemas de información de seguridad

8.4. Elementos de accesibilidad, protección y ayudas técnicas

8.5. Atracciones acuáticas: toboganes, trampolines, otros

8. Requerimientos técnico-sanitarios de la zona de baño en piscinas de uso colectivo en Cataluña

Una **piscina** es definida como una instalación que comporta la existencia de uno o más vasos artificiales destinados al baño colectivo o a la natación, y los equipos y servicios complementarios para el desarrollo de estas actividades.

Las **piscinas de uso público** son todas las piscinas de titularidad pública, y las de titularidad privada cuya utilización está condicionada al pago de una cantidad en concepto de entrada o de cuota de acceso, directo o indirecto, así como todas aquéllas que son de uso particular.

8.1. Diseño de la zona de baño: condiciones de seguridad del vaso y el andén

Las superficies de las paredes y suelos deben construirse con materiales impermeables, y los ángulos de unión deben ser redondeados. Los fondos de los vasos destinados a infantes y de aquellos que por su poca profundidad permitan caminar, deben ser antideslizantes, con el fin de evitar accidentes.

La parte interna de los vasos debe estar libre de elementos que puedan ocasionar accidentes a los usuarios y dificultar la circulación del agua.

El fondo de los vasos debe tener la pendiente necesaria para permitir el vaciado total. Los cambios de pendiente deben establecerse en la progresión adecuada para la prevención de accidentes.

Las superficies de todos los elementos que integren las instalaciones y los equipos de la piscina deben ser de materiales resistentes a los agentes químicos, de color claro y de fácil limpieza y desinfección. En la construcción de estos elementos no se pueden utilizar materiales susceptibles de constituirse en substrato para el crecimiento microbiano.

Los pavimentos, las superficies de paso de los trampolines, las palancas y las escaleras, deben construirse con materiales antideslizantes. Los pavimentos deben estar dotados de desagües y su diseño debe garantizar la inclinación suficiente para evitar la formación de charcos.

Los elementos metálicos de las instalaciones deben ser de materiales resistentes a la oxidación.

Las instalaciones deben disponer del número de bocas de agua suficiente para permitir una limpieza correcta del conjunto de todas ellas.

Las zonas de playa deben estar libres de impedimentos y su anchura debe permitir un acceso fácil al vaso por todos los lados. El diseño de estas zonas debe prever que el agua que se escurra, incluida el agua pluvial, se evacue hacia los desagües, sin que pueda penetrar en el vaso.

Está prohibida la construcción de canales lavapies perimétricos a los vasos.

8.2. Equipamientos técnicos, componentes y dispositivos de seguridad

Los vasos destinados a la utilización exclusiva de los infantes deben estar separados de los vasos para la utilización de adultos, de modo que los infantes no puedan acceder involuntariamente a otros vasos.

En el fondo de los vasos deben preverse los desagües que permitan el vaciado total del agua. Como mínimo una vez al año debe procederse al vaciado total de la piscina para una completa limpieza y desinfección de las paredes y el suelo de la piscina. Los desagües deben estar adecuadamente protegidos mediante rejas de seguridad que no puedan ser retiradas sin herramientas específicas o sistemas similares de protección. Así mismo, deben disponer de sistemas antitorbellino u otros sistemas adecuados para evitar fenómenos de turbulencia y/o succión que puedan ser causa de accidente.

Las zonas de playa deben disponer de duchas en número suficiente para permitir una cómoda utilización por parte de los usuarios. Estas duchas deben estar equipadas con desagües. Los pediluvios que se puedan construir como instalaciones complementarias deben garantizar un flujo continuado de agua, con poder desinfectante y no recirculable.

Flotador salvavidas

Las zonas de playa deben disponer de salvavidas provistos de una cuerda de longitud adecuada, en número suficiente y en una ubicación visible y de fácil acceso. También se puede prever utilizar otro material de salvamento adecuado. Estos equipos estarán bajo la responsabilidad del servicio de salvamento y socorrismo.

En todas las áreas y dependencias de las instalaciones debe disponerse de puntos de iluminación suficientes para permitir desarrollar la actividad a que se destinan. Estos puntos de iluminación deben estar protegidos contra las roturas.

8.3. Sistemas de información de seguridad

En los vasos se colocarán rótulos de aviso a los usuarios indicando la profundidad mínima y máxima y los cambios de pendientes.

Se entiende por aforo el número de personas que en un mismo espacio de tiempo se encuentran en las instalaciones de la piscina.

El aforo máximo es el número máximo de personas que pueden utilizar al mismo tiempo las instalaciones de la piscina, sin que se derive un incremento del riesgo no controlable para su salud y seguridad. Este aforo máximo debe garantizar, también, el bienestar de los usuarios permitiendo una utilización cómoda de las instalaciones.

Las instalaciones de piscinas deben disponer de unas normas de régimen interno para las personas usuarias, que serán de obligado cumplimiento y se expondrán en lugar visible y fácilmente accesible para estas personas, sin perjuicio de los carteles y rótulos que estén distribuidos en las diferentes zonas de las instalaciones.

Cartel indicativo de accidente fecal   Prohibido empujar al agua

8.4. Elementos de accesibilidad, protección y ayudas técnicas

En cada vaso deben instalarse escaleras de acceso en número suficiente para evitar riesgos y molestias a los usuarios. Su diseño debe garantizar la comodidad y seguridad de los usuarios. Las escaleras deben construirse con materiales antideslizantes.

8.5. Atracciones acuáticas: toboganes, trampolines, otros

Con la finalidad de prevenir accidentes, se prohíbe la utilización de trampolines, palancas y toboganes en las áreas donde se permita simultáneamente el baño. El uso de estos elementos se restringe a aquellas piscinas o zonas de las mismas acotadas y reservadas para esta finalidad, y está sujeta a limitación horaria.

También se prohíbe el uso de material que dificulte la vigilancia y la visibilidad de la zona de baño. En las zonas y durante los horarios en que se permita el uso de estos elementos deben extremarse las medidas de vigilancia.

CAPÍTULO 9

REQUERIMIENTOS TÉCNICO-SANITARIOS DE LA ZONA DE BAÑO EN PISCINAS DE USO COLECTIVO EN EXTREMADURA

Autores

Joaquín Gámez de la Hoz
Ana Padilla Fortes

9.1. Diseño de la zona de baño: condiciones de seguridad del vaso y el andén
9.2. Equipamientos técnicos, componentes y dispositivos de seguridad
9.3. Sistemas de información de seguridad
9.4. Elementos de accesibilidad, protección y ayudas técnicas
9.5. Atracciones acuáticas: toboganes, trampolines, otros

9. Requerimientos técnico-sanitarios de la zona de baño en piscinas de uso colectivo en Extremadura

Se define **piscina** como un establecimiento formado por un conjunto de construcciones e instalaciones que comportan la existencia de uno o más vasos destinados al baño colectivo.

Se considera que el **vaso** es el recipiente que contiene el agua para bañarse.

9.1. Diseño de la zona de baño: condiciones de seguridad del vaso y el andén

Atendiendo a su finalidad, los vasos se clasifican en:

a) Infantiles o de chapoteo. Son las destinadas a los usuarios menores de seis años, sin perjuicio de su acompañamiento o vigilancia, con una profundidad máxima de 0,6 metros, cuyo fondo no ofrezca pendientes superiores al 10 por ciento, y cuyo emplazamiento sea totalmente independiente, de forma que los menores no puedan acceder accidentalmente a otros vasos. Su sistema de depuración también será independiente de los demás vasos de la piscina.

b) Recreativos o polivalentes. Son las destinadas al público en general, que deben contar con una zona para no nadadores con una profundidad mínima de 1 y máxima de 1,4 metros y una zona de nadadores que podrá alcanzar una profundidad máxima de 3,5 metros.

Los vasos estarán construidos de forma que no presenten ángulos, recodos u obstáculos que puedan dificultar la circulación del agua. No existirán obstrucciones subacuáticas de cualquier naturaleza que puedan retener al usuario bajo el agua.

Las paredes y el fondo del vaso serán mayoritariamente de color claro, antideslizantes e impermeables y se mantendrán exentos de algas. En su construcción se utilizarán materiales que permitan su fácil limpieza y serán de suficiente resistencia y estabilidad frente a los productos utilizados en el tratamiento del agua.

El fondo del vaso de la piscina tendrá una pendiente mínima del 2,5 por ciento (con un margen de error de ± 0,5%) para facilitar el desagüe, no pudiendo superar el 10 por ciento (con un margen de error de ± 0,5%) en las zonas cuya profundidad sea inferior a 1,5 metros. La pendiente en el resto del vaso podrá aumentar de forma moderada y progresiva hasta alcanzar la profundidad máxima.

El fondo de todo vaso dispondrá como mínimo de un desagüe de gran paso que permita la evacuación rápida de la totalidad del agua y los sedimentos. En ningún caso podrá utilizarse en presencia de bañistas.

El "andén o paseo" es la superficie horizontal, impermeable y antideslizante que circunvala el vaso. Deberá estar libre de impedimentos, y cuyo acceso está restringido a los bañistas descalzos o con calzado apropiado para esta zona. Su construcción se realizará con materiales higiénicos, antideslizantes e impermeables. Tendrá una anchura mínima de 1,5 metros y una ligera pendiente hacia el exterior no inferior al 2 por ciento que evite los encharcamientos y vertidos de agua hacia el vaso, salvo que se evidencie una imposibilidad constructiva avalada por informe o el proyecto del técnico competente. Dispondrá de bocas de riego con el fin de poder realizar periódicamente su limpieza y desinfección.

9.2. Equipamientos técnicos, componentes y dispositivos de seguridad

Alrededor del andén o paseo se instalarán, por motivos de seguridad, vallas de una altura superior a un metro, o elementos arquitectónicos u ornamentales de dimensiones adecuadas para no ser evitados. En ningún caso constituirán un obstáculo para las actuaciones de emergencia.

En las piscinas cubiertas, el andén podrá estar sin vallar o sin separación ornamental, siempre que se garantice la ausencia de personas con un calzado que no sea el admitido en esta zona. Si cuentan con graderíos cuyo acceso tenga que realizarse a través del andén, será obligatoria la separación mencionada.

Si las instalaciones pueden utilizarse fuera del horario de baño para otros fines, incluso los accesos al andén se cerrarán adecuadamente para impedir accidentes.

Cuando se evidencie la imposibilidad constructiva y previa solicitud del titular acompañada de certificado de un técnico competente, se podrá excluir de la obligatoriedad de instalar las vallas o elementos ornamentales mencionados, a las piscinas pertenecientes a pequeñas comunidades de propietarios, casas rurales u otros establecimientos turísticos o similares de poca capacidad, construidas con anterioridad a la norma vigente, y cuyo aforo de bañistas sea fijado en un número inferior a 30.

Los vasos construidos que posean uno o varios desagües como única conexión directamente con el sistema de depuración, estarán provistos de elementos de seguridad que impidan el aprisionamiento de una persona por succión o enganche.

Cubierta protectora del desagüe de fondo

El acceso de los usuarios al andén deberá efectuarse exclusivamente a través de pasos dotados con duchas de agua filtrada y desinfectada. La capacidad, disposición y número de estos accesos se establecerá en función del aforo de bañistas y su dimensión será adecuada para una rápida prestación de auxilio en caso de accidente.

Cuando la zona de playa o recreo sea de tierra, césped o arena, el acceso al andén contará además con un sistema adecuado de grifos para el lavado de pies.

En el andén o paseo existirán duchas uniformemente distribuidas, de una altura aproximada de 2,5 metros, calculándose las necesidades en un veinteavo del aforo de bañistas y sin que en ningún caso pueda instalarse un número inferior a cuatro.

A los efectos del cómputo total de las duchas descritas en el apartado anterior, se tendrán en cuenta las instaladas en los accesos al andén o paseo.

Próximos al vaso existirán flotadores salvavidas de dimensiones adecuadas, en un número no inferior al de escaleras instaladas. Los flotadores de los vasos infantiles deberán ser de menor tamaño. Todos tendrán una cuerda unida a ellos de longitud no inferior a la mitad de la máxima anchura del vaso más 3 metros, y estarán situados en lugares visibles y de fácil acceso para los bañistas.

En los vasos cuya superficie de lámina de agua sea superior a 830 metros cuadrados, o cuando la geometría del vaso lo precise, cada socorrista dispondrá de un "tubo o lata de rescate".

9.3. Sistemas de información de seguridad

Cuando la profundidad del vaso supere 1,5 metros y en las zonas donde se produzcan cambios de pendiente, se establecerán letreros indicadores de peligro o señales de advertencia a los usuarios. La señalización debe reflejarse, al menos, en el borde de la piscina y en las paredes laterales mediante una franja de color rojo de aproximadamente 10 centímetros de ancho e indicación de la profundidad en metros.

El "aforo de usuarios" es el número máximo de personas, fijado por el responsable del establecimiento, que pueden permanecer de forma simultánea en las instalaciones.

El aforo máximo de usuarios será establecido de forma que cada usuario cuente, al menos con 5 metros cuadrados del total obtenido al sumar las superficies de las zonas de baño y las zonas de playa o recreo.

El "aforo de bañistas" es el número máximo de personas de inmersión simultánea que será establecido por el titular de la piscina.

El aforo máximo de bañistas de cada vaso será establecido de forma que cada bañista cuente con un volumen y una superficie de lámina de agua adecuada a su uso y que como mínimo serán respectivamente 4,5 metros cúbicos y 3 metros cuadrados, con excepción de los vasos infantiles.

Ambos aforos estarán reflejados en carteles ubicados en el recinto a fin de proteger los derechos de los usuarios. El número de carteles estará en función de las características del establecimiento, debiendo situarse como mínimo en la entrada de las instalaciones, en los vestuarios o aseos y en las proximidades del paseo o andén, con un tamaño de letra que permita su lectura desde cualquier lugar del mismo. También se instalarán en aquellos puntos donde la autoridad sanitaria lo estime oportuno.

Toda piscina de uso colectivo dispondrá de un reglamento de régimen interno que contenga las normas de obligado cumplimiento para los usuarios. Este reglamento deberá exponerse en un lugar visible a la entrada del establecimiento y/o en el tablón de anuncios. El reglamento deberá contemplar el aforo máximo de usuarios y bañistas, además de las normas de higiene establecidas normativamente.

9.4. Elementos de accesibilidad, protección y ayudas técnicas

Deberán instalarse unas escaleras de acceso, preferentemente de peldaños de superficie plana, de material inoxidable, no resbaladizos, sin aristas vivas, de fácil limpieza y desinfección, que garanticen en todo momento la seguridad de los usuarios. Las dimensiones serán adecuadas para su cómoda utilización y alcanzarán bajo el agua la profundidad necesaria para que el bañista pueda salir con facilidad. No llegarán totalmente al fondo para evitar la acumulación de sedimentos.

El número de escaleras será al menos de 4, ubicadas en las correspondientes esquinas o en lugares equidistantes en los vasos con otras formas geométricas. Asimismo se instalarán en los cambios de pendiente. Las escalinatas ornamentales o rampas que puedan existir deberán garantizar la salubridad

Rampa con pasamanos

del agua y estarán dotadas de los dispositivos de seguridad para todos los bañistas.

Los vasos infantiles quedan excluidos de la obligatoriedad de la instalación de escaleras.

Queda prohibida la entrada de animales en las instalaciones, excepto de los perros guía para personas con disfunciones visuales, adecuadamente entrenados.

9.5. Atracciones acuáticas: toboganes, trampolines, otros

Debido al peligro de accidentes, los trampolines y palancas de saltos quedan restringidos a los fosos o piletas de saltos, que tendrán la profundidad apropiada a la altura de la palanca y, al menos, 5 metros de anchura a cada lado del mismo y 10 metros en dirección a la trayectoria del bañista al lanzarse.

No podrán utilizarse trampolines, palancas o similares en los vasos que no sean de saltos, excepto en circunstancias extraordinarias como entrenamientos o eventos de esta modalidad deportiva y de forma temporal, siempre que las dimensiones del vaso lo permitan, en ausencia de otros bañistas, previa la autorización del ayuntamiento.

Tobogán flotante

Las instalaciones que cuenten con toboganes deberán tener una profundidad adecuada y dispondrán de una zona acotada en el vaso a fin de garantizar la seguridad del resto de los bañistas.

En cualquier caso, tanto los trampolines como los toboganes deberán ser de material inoxidable, lisos y sin juntas ni solapas que puedan producir lesiones a los usuarios.

CAPÍTULO 10

REQUERIMIENTOS TÉCNICO-SANITARIOS DE LA ZONA DE BAÑO EN PISCINAS DE USO COLECTIVO EN GALICIA

Autores

Joaquín Gámez de la Hoz
Ana Padilla Fortes

10.1. Diseño de la zona de baño: condiciones de seguridad del vaso y el andén

10.2. Equipamientos técnicos, componentes y dispositivos de seguridad

10.3. Sistemas de información de seguridad

10.4. Elementos de accesibilidad, protección y ayudas técnicas

10.5. Atracciones acuáticas: toboganes, trampolines, otros

10. Requerimientos técnico-sanitarios de la zona de baño en piscinas de uso colectivo en Galicia

Una **piscina** es toda instalación que suponga la existencia de uno o más vasos así como de los equipamientos necesarios para el baño colectivo o en la natación.

Se entiende por **vaso** el espacio estanco que acumula el total del volumen de agua utilizada en el baño colectivo o en la natación.

10.1. Diseño de la zona de baño: condiciones de seguridad del vaso y el andén

Con carácter general se definen dos tipos de vasos:

a) Vaso infantil: vaso que tenga una profundidad máxima de 60 centímetros y unas pendientes no superiores al 10%. Su emplazamiento será independiente, de forma que los niños non puedan acceder fácilmente a otros vasos de la instalación.

b) Vaso recreativo: vaso destinado al público en general y que no posean las características del deportivo y/o infantil.

El vaso de la piscina tendrá unas características constructivas de tal forma que aseguren la estabilidad, resistencia y estanqueidad de su estructura.

Cualquiera que sea la forma y dimensiones del vaso, se evitarán los ángulos, curvas o obstáculos que puedan dificultar la recirculación del agua o que representen peligro para los usuarios. No existirán obstrucciones subacuáticas de cualquier naturaleza que puedan retener al nadador debajo del agua.

El fondo y las paredes estarán revestidos de materiales lisos, antideslizantes, impermeables y resistentes a los agentes químicos, de color claro y de fácil limpieza y desinfección. No se utilizarán revestimientos que puedan provocar accidentes o ser antihigiénicos.

El fondo del vaso de la piscina tendrá una pendiente necesaria para facilitar su vaciado, sin que aquella pueda superar el 30%.

El fondo de todo vaso, cualquiera que sea su capacidad, dispondrá de un desagüe general de gran paso, que permita la evacuación rápida de la totalidad del agua y de los sedimentos y residuos en él contenidos.

El paseo o playa estará libre de impedimentos. Los pavimentos deberán estar realizados en material antideslizante e impermeable y se conservarán continuamente en perfecto estado de higiene. Tendrán una anchura mínima de 1,20 metros y una ligera pendiente cara al exterior con objeto de evitar los encharcamientos y vertidos de agua cara al vaso. Con fin de poder realizar periódicamente su limpieza y desinfección la instalación dispondrá de bocas de riego.

10.2. Equipamientos técnicos, componentes y dispositivos de seguridad

Con el fin de evitar accidentes, todos los vasos dispondrán de algún sistema eficaz que impida el acceso fuera de horario de funcionamiento expresamente establecido.

El desagüe de fondo del vaso estará adecuadamente protegido mediante dispositivos de seguridad.

En los paseos que rodean a los vasos descubiertos deberá instalarse un número de duchas con agua potable por lo menos igual al de escaleras de acceso al vaso. En ningún caso se permitirá al recirculación de esta agua para el uso del vaso. La plataforma que rodea las duchas debe estar impermeabilizada y con desagüe, de forma que se eviten encharcamientos alrededor de ellas. Las duchas deberán estar a suficiente distancia del vaso para que el agua de las mismas no revierta al vaso.

En la zona de estancia que rodea el vaso en caso de vasos descubiertos podrán construirse también pediluvios de fácil limpieza y desinfección.

El número mínimo de flotadores salvavidas que existirá en cada vaso, excepto en los vasos infantiles, será de dos, no debiendo ser nunca inferior al número de escaleras instaladas. Se colocarán en la zona de estancia próxima al paseo que rodea el vaso, fácilmente accesibles para los bañistas.

Dispondrá en lugar fácilmente accesible, de una cuerda de longitud no inferior a la mitad de la máxima anchura del vaso más de tres metros.

10.3. Sistemas de información de seguridad

Los cambios de pendientes serán moderados y progresivos y estarán señalizados, igual que los puntos de máxima y mínima profundidad. Los rótulos de señalización se situarán en las paredes laterales del vaso y/o en el paseo que rodea el mismo según sea más visible para os usuarios.

Salvo en los vasos infantiles, el número máximo de bañistas vendrá determinado por la superficie de cada vaso, de tal forma que en los momentos de máxima concurrencia cada bañista dispondrá por lo menos de dos metros cuadrados de lámina de agua para los vasos de las piscinas descubiertas y de tres metros cuadrados en los vasos de piscinas cubiertas.

Todas las instalaciones con piscina de uso colectivo dispondrán de un reglamento de régimen interno que contenga las normas de obligado cumplimiento para los usuarios. Este reglamento deberá ser expuesto en lugar visible a la entrada del establecimiento así como en su interior. Deberá contemplar como mínimo el aforo máximo de utilización simultánea de cada vaso de la instalación, además de las pautas higiénicas de obligado cumplimiento.

Prohibido saltar de cabeza

Peligro golpeo de cabeza

Prohibido salto en bomba

10.4. Elementos de accesibilidad, protección y ayudas técnicas

Para el acceso al agua se instalarán al menos dos escaleras con peldaños antideslizantes y sin aristas vivas, construidas con materiales inoxidables de fácil limpieza y que garanticen la seguridad de los usuarios. Se situarán preferentemente en los ángulos del vaso de forma que entre ellas no exista una distancia superior a veinte metros medidos en el perímetro del mismo, y su número será adaptado a la longitud o a la forma del vaso.

Las escaleras se empotrarán en su extremo superior, sin llegar al fondo del vaso, y alcanzarán bajo el agua una profundidad suficiente para subir con comodidad.

Se podrá excluir la colocación de escaleras en los vasos infantiles, siempre que su diseño garantice la accesibilidad y no exista riesgo para los usuarios.

También podrán existir escalinatas y/o rampas de acceso al vaso, siempre que quede garantizada la seguridad de los usuarios. Su número computará para los efectos de la determinación del número obligatorio de escaleras.

Los vestuarios deberán cumplir con las normas de eliminación de barreras arquitectónicas.

Queda prohibida la entrada de animales en las instalaciones excepto perros guía.

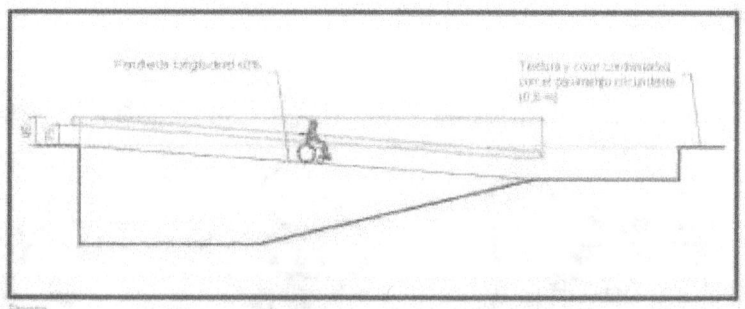

Sección de rampa adaptada para discapacitados

10.5. Atracciones acuáticas: tobogganes, trampolines, otros

Las torres de saltos y/ trampolines se instalarán únicamente en vasos destinados exclusivamente para este uso.

La construcción, diseño, disposición y materiales de trampolines flexibles, de palancas rígidas, plataformas y torres de saltos en general garantizarán, en todo momento, la seguridad de los usuarios.

Los tobogganes, trampolines o cualquiera otra instalación con el mismo fin estarán en una zona acotada del vaso. Serán de material inoxidable, lisos y no presentarán juntas ni rebordes que les puedan producir lesiones a los usuarios. Las escaleras de acceso en su parte superior tendrán inclinación moderada, os peldaños serán antideslizantes, sin aristas vivas y contarán con barandillas de seguridad y se respetará lo dispuesto en las normas técnicas para ese tipo de instalación.

CAPÍTULO 11

REQUERIMIENTOS TÉCNICO-SANITARIOS DE LA ZONA DE BAÑO EN PISCINAS DE USO COLECTIVO EN LAS ISLAS BALEARES

Autores

Joaquín Gámez de la Hoz
Ana Padilla Fortes

11.1. Diseño de la zona de baño: condiciones de seguridad del vaso y el andén

11.2. Equipamientos técnicos, componentes y dispositivos de seguridad

11.3. Sistemas de información de seguridad

11.4. Elementos de accesibilidad, protección y ayudas técnicas

11.5. Atracciones acuáticas: toboganes, trampolines, otros

11. Requerimientos técnico-sanitarios de la zona de baño en piscinas de uso colectivo en las Islas Baleares

Una **piscina** es definida como el conjunto de instalaciones utilizadas por los bañistas, que comprenden la zona de baños y los servicios e instalaciones necesarios para garantizar el funcionamiento del conjunto.

Son **piscinas de uso colectivo** las que puedan ser utilizadas por el público en general, ya sea de forma gratuita o mediante precio u otro tipo o sistema de colaboración económica o como actividad complementaria de establecimientos o instalaciones cuya actividad principal sea otra, tales como restauración, recreo o similares.

11.1. Diseño de la zona de baño: condiciones de seguridad del vaso y el andén

La «piscina» comprende:

a) «Zona de baños» destinada al baño o la natación con su vaso o vasos de agua.

b) El andén, playa o zona ajardinada circundante deberá tener un mínimo de dos metros de anchura alrededor del entorno de la zona de baños o del vaso y una pendiente mínima del 2% hacia el exterior del vaso. No obstante ello, podrán instalarse en el borde de la piscina elementos ornamentales o de otro tipo siempre que los mismos no superen el veinte por ciento del perímetro de la piscina, no pudiendo sobrepasar cada uno de los elementos una dimensión superior a ocho metros.

El vaso de la piscina tendrá aquellas condiciones, que, de acuerdo con las técnicas constructivas, aseguren la estabilidad, resistencia y estanqueidad de su estructura.

El fondo, que deberá ser antideslizante, y las paredes, que deberán ser lisas, estarán revestidos de materiales impermeables y resistentes a los agentes químicos. Los ángulos, cantos y bordes deberán estar redondeados.

El fondo del vaso de la piscina en profundidades menores a 1,60 metros tendrá una pendiente mínima del 2% y máxima del 10%. En las piscinas con profundidad superior a 1,60 metros la pendiente no podrá ser superior al 35%.

Los vasos destinados a usuarios menores de 6 años deberán reunir las siguientes particularidades:

a) Sus emplazamientos estarán preferentemente separados de la zona de adultos. En el caso de que se destine el mismo vaso para zona de adultos y zona infantil, las zonas deberán estar debidamente separadas al objeto de evitar que los usuarios de la zona infantil pasen ala zona de adultos.

b) La profundidad máxima del vaso será de 0,60 metros.

c) El suelo del vaso no ofrecerá pendientes superiores al 10%.

En el fondo de los vasos se deberán instalar desagües que permitan vaciarlo totalmente, sin que en ningún caso se pueda recircular esta agua para el uso de las instalaciones de la piscina. El vaciado se hará a la red de alcantarillado, y en ausencia de éstas, en el lugar adecuado y de acuerdo con la normativa vigente al respecto.

11.2. Equipamientos técnicos, componentes y dispositivos de seguridad

Existirá un salvavidas cada 20 metros, con una cuerda de longitud superior en 3 metros al ancho máximo de la piscina.

El número de duchas exteriores será un cuarto de las duchas totales de las instalaciones y se ubicarán a más de 3 metros del borde del vaso y a menos de 25 metros del mismo, con un mínimo de dos duchas para piscinas de más de 100 metros de lámina de agua y de una para las de inferior superficie.

11.3. Sistemas de información de seguridad

Los cambios de pendiente deberán estar suficientemente señalados y visibles para los usuarios, debiendo estar, asimismo, suficientemente señalizada la profundidad existente en todos los tramos.

El aforo de la piscina será el número máximo de bañistas que puedan introducirse simultáneamente en el vaso, se fija a razón de dos metros cuadrados de superficie de lámina de agua por usuario.

Todas las piscinas de uso colectivo deberán tener expuestas, en lugares bien visibles, normas de régimen interno de obligado cumplimiento.

El alumbrado, en su caso, se instalará de forma que proyecte una iluminación intensa y uniforme que permita la visión del fondo de la piscina, sin producir deslumbramientos o reflejos en el agua.

11.4. Elementos de accesibilidad, protección y ayudas técnicas

Se instalará, como mínimo, una escalera de acceso al vaso cada 20 metros, cuando la profundidad sea superior a 0,70 metros En cada uno de los cambios de pendiente debe instalarse una escalera.

Las piscinas infantiles deberán estar dotadas de una escalera cada 10 metros, cuando la profundidad sea superior a 30 cm.

Los medios de acceso a las piscinas serán de material inoxidable y de dimensiones tales que permitan su utilización con comodidad. Los peldaños de superficie plana y antideslizante, sin aristas vivas, debiendo garantizar en todo momento la seguridad del usuario.

Deberán contar con medios de acceso adaptados para su utilización por minusválidos,

Rampa portátil para minusválidos

de acuerdo con lo establecido en la normativa aplicable al respecto.

11.5. Atracciones acuáticas: toboganes, trampolines, otros

Los trampolines y palancas serán de materiales inoxidables, antideslizantes y de fácil limpieza y desinfección. Todos los medios de acceso irán provistos de barandillas de seguridad.

Tobogán gigante

No se permitirán utilizar trampolines, toboganes o deslizadores durante el uso de la piscina para finalidades recreativas, salvo que se acote exclusivamente una zona para dichos usos, debiendo estar, además, permanentemente vigilada. En las piscinas que no sean exclusivamente para saltos no se podrán utilizar trampolines, toboganes, deslizadores o palancas, de más de 3 m de altura.

En su caso, los toboganes o deslizadores serán de material inoxidable, sin juntas, de fácil limpieza y desinfección y se colocarán de forma que no entorpezcan el funcionamiento de los trampolines, debiendo estar debidamente señalizados en la zona de caída.

Las características de las zonas acotadas deberán cumplir lo establecido en el apartado 3.4.6 del Decreto 91/1988, de 15 de marzo, por el que se aprueba la reglamentación de parques acuáticos de la Comunidad Autónoma de las Islas Baleares.

CAPÍTULO 12

REQUERIMIENTOS TÉCNICO-SANITARIOS DE LA ZONA DE BAÑO EN PISCINAS DE USO COLECTIVO EN LAS ISLAS CANARIAS

Autores

Joaquín Gámez de la Hoz
Ana Padilla Fortes

.

12.1. **Diseño de la zona de baño: condiciones de seguridad del vaso y el andén**

12.2. **Equipamientos técnicos, componentes y dispositivos de seguridad**

12.3. **Sistemas de información de seguridad**

12.4. **Elementos de accesibilidad, protección y ayudas técnicas**

12.5. **Atracciones acuáticas: toboganes, trampolines, otros**

12. Requerimientos técnico-sanitarios de la zona de baño en piscinas de uso colectivo en las Islas Canarias

Se considera **piscina** al vaso o conjunto de vasos artificiales destinados al baño colectivo, así como los servicios e instalaciones complementarios, necesarios para garantizar su funcionamiento.

Las **piscinas de uso colectivo** son las que no son de uso exclusivamente unifamiliar, independientemente de que se encuentren ubicadas en comunidades de propietarios, establecimientos turísticos, sociedades, clubes, instituciones deportivas, centros de enseñanza y las de las administraciones públicas, tanto de titularidad pública como privada, destinadas al baño colectivo, ya sea con fines recreativos, deportivos o de rehabilitación.

Se entiende por **vaso** la estructura o receptáculo que contiene el agua destinada al baño.

12.1. Diseño de la zona de baño: condiciones de seguridad del vaso y el andén

Los vasos se clasifican en:

a) Vasos infantiles o de chapoteo: son los destinados a usuarios menores de seis años. Serán independientes de otros vasos en cuanto a su estructura y sistema de tratamiento y desinfección. Su emplazamiento estará dispuesto de manera que los niños no puedan acceder involuntariamente a otros vasos. Su profundidad máxima será de cincuenta centímetros.

b) Vasos recreativos: son los destinados al baño y la natación.

La construcción y diseño de todos los servicios e instalaciones comprendidos en el recinto de las piscinas no supondrá riesgo para la salud de los usuarios, responderá a su seguridad y permitirá su conservación en buen estado y limpieza.

Los suelos serán de material impermeable, antideslizante y contarán con sistemas de evacuación que eviten encharcamientos.

Las superficies serán lisas, sin aristas vivas y de materiales resistentes a los productos químicos utilizados en su limpieza y desinfección.

Todos los elementos metálicos que se empleen deberán ser resistentes a la acción del agua y a la de los productos químicos que se utilicen.

La construcción del vaso de la piscina garantizará la estabilidad, resistencia y estanqueidad de su estructura.

Los materiales o productos de construcción en contacto con el agua de la piscina no trasmitirán sustancias o propiedades que alteren su calidad.

Las paredes y el fondo del vaso serán de color claro, con vértices redondeados y revestidas de material de fácil limpieza y desinfección, impermeable y resistente a los reactivos utilizados en el tratamiento del agua y antideslizante.

Los vasos podrán tener una pendiente máxima del diez por ciento hasta llegar a uno con cuarenta metros de profundidad. A partir de esa profundidad los cambios de pendiente no serán bruscos, sino progresivos y moderados y estarán señalizados, al igual que los puntos de máxima y mínima profundidad, de manera que sean claramente visibles para el usuario, tanto desde el exterior como desde el interior del vaso.

El andén que rodea el vaso tendrá la consideración de zona de pies descalzos; su superficie será continua y de material antideslizante e impermeable que permita su correcta limpieza y adecuado mantenimiento y su diseño impedirá el retorno del agua de encharcamientos o de limpieza al vaso.

La zona contigua al andén, destinada al descanso y esparcimiento de los usuarios, denominada solarium, será de un material antideslizante que permita su correcta limpieza y adecuado mantenimiento.

Podrán existir áreas de césped en el solarium, siempre que su estado de mantenimiento y conservación no constituya un riesgo para la salubridad y seguridad de las instalaciones.

Podrá haber arena en zonas delimitadas del solarium, siempre que no entre en contacto con el agua del vaso. En el caso de que la arena entre en contacto con la zona de pies descalzos se instalarán pediluvios que desaguarán en la red de saneamiento y que serán paso obligado para el bañista antes de la inmersión.

Las instalaciones contarán con los dispositivos adecuados para efectuar la limpieza y desinfección de todas las zonas.

12.2. Equipamientos técnicos, componentes y dispositivos de seguridad

En el fondo del vaso existirá un sistema de desagüe de fondo o de gran paso, correctamente diseñado para permitir la evacuación rápida de la totalidad del agua por gravedad o por medio de bombas de extracción. El desagüe estará protegido mediante los dispositivos de seguridad necesarios para evitar posibles accidentes e instalado de forma que no pueda ser extraído por los usuarios.

El desagüe estará formado por dos sumideros de fondo conectados a una única línea, con el fin de evitar turbulencias y efectos de succión que puedan ser causa de accidentes.

En el entorno de la piscina se instalará una ducha por cada treinta usuarios del aforo, no pudiendo ser su número inferior a dos.

El agua de las duchas tendrá la calificación de apta para el consumo humano.

El diseño de las duchas impedirá que se formen encharcamientos a su alrededor y el paso del agua al interior del vaso; los materiales serán inoxidables; el suelo antideslizante y estarán provistas de sistema de apertura-cierre con mecanismo temporizado.

Las duchas estarán siempre en buen estado de conservación y de limpieza y serán tratadas, al menos una vez al año, mediante operaciones de limpieza, desincrustación y desinfección destinadas a la prevención y control de la legionelosis.

Las duchas desaguarán directamente a la red de saneamiento.

En toda piscina habrá como mínimo un flotador salvavidas junto a cada vaso, en lugar visible y accesible, excepto en los vasos clasificados como infantiles o de chapoteo. Los salvavidas estarán provistos de una cuerda cuya longitud permita alcanzar cualquier punto del vaso.

Protección del vaso no conforme a normativa

Están exentas de la obligación de tener socorrista las piscinas ubicadas en edificaciones y construcciones de uso residencial no turístico, así como en establecimientos que ofrezcan servicios de alojamientos turísticos y cuya capacidad no exceda de 40 unidades alojativas, siempre que los vasos o la piscina dispongan de barreras de protección que impidan el acceso a los niños menores de seis años que no vayan acompañados por un adulto. Las barreras de protección cumplirán con las exigencias del documento básico de seguridad de utilización y accesibilidad del código técnico de la edificación.

12.3. Sistemas de información de seguridad

Los vasos que tengan distintos niveles de lámina de agua o los diseñados de tal modo que se simule la prolongación visual indefinida de la lámina de agua dispondrán de elementos de protección y señalización que garanticen la seguridad de los bañistas en los puntos de cambio de nivel.

El aforo es el número máximo de usuarios que pueden utilizar al mismo tiempo los vasos, sin que se derive un aumento del riesgo para su salud y seguridad. El aforo de un vaso se calculará a razón de un usuario por cada cuatro metros cuadrados de superficie de lámina de agua, exceptuando los vasos infantiles y los de rehabilitación.

Las piscinas de uso colectivo dispondrán de los medios adecuados para difundir entre los usuarios las normas de uso, indicaciones y prohibiciones, y el aforo del vaso.

12.4. Elementos de accesibilidad, protección y ayudas técnicas

En las piscinas de uso colectivo existirá una escalera o rampa de acceso al vaso cada quince metros o fracción, excepto en los vasos infantiles o de chapoteo. La medición tendrá en cuenta el ancho del vaso. En ningún caso el número de escaleras o rampas podrá ser inferior a dos.

Los puntos de acceso estarán situados preferentemente en los ángulos del vaso o equivalentes y en los cambios de pendiente del fondo. Estarán provistos de pasamanos de seguridad y deberán alcanzar bajo el agua la profundidad suficiente para salir con comodidad del vaso. Serán de material inoxidable y de fácil limpieza y desinfección. Las escaleras tendrán peldaños antideslizantes y sin aristas vivas.

Los vasos con un tramo ciego que dificulte o impida la instalación de una escalera o rampa estarán provistos de un asidero continuo por encima de la lámina de agua, que permita garantizar la seguridad de los usuarios.

Rampa con pasamanos por encima del agua

Será de aplicación a las piscinas y a sus instalaciones la normativa vigente sobre accesibilidad y supresión de barreras físicas y de la comunicación.

Queda prohibida la entrada de animales de compañía al recinto de la piscina, salvo los perros adiestrados de las personas invidentes.

12.5. Atracciones acuáticas: toboganes, trampolines, otros

Los toboganes y deslizadores serán de material inoxidable, lisos y no presentarán juntas ni solapas que puedan producir lesiones a los usuarios. Las escaleras de acceso tendrán una inclinación moderada, contarán con pasamanos de seguridad y peldaños antideslizantes, sin aristas vivas. Los vasos en los que se instalen deberán contar con la profundidad adecuada. La zona de caída estará convenientemente señalizada y acotada para que su utilización no entrañe riesgo para los usuarios.

Los trampolines, las palancas, las plataformas y las torres de salto sólo podrán ubicarse en los vasos deportivos o destinados a saltos.

Toboganes enlazados

CAPÍTULO 13

REQUERIMIENTOS TÉCNICO-SANITARIOS DE LA ZONA DE BAÑO EN PISCINAS DE USO COLECTIVO EN MADRID

Autores

Joaquín Gámez de la Hoz
Ana Padilla Fortes

13.1. Diseño de la zona de baño: condiciones de seguridad del vaso y el andén

13.2. Equipamientos técnicos, componentes y dispositivos de seguridad

13.3. Sistemas de información de seguridad

13.4. Elementos de accesibilidad, protección y ayudas técnicas

13.5. Atracciones acuáticas: toboganes, trampolines, otros

13. Requerimientos técnico-sanitarios de la zona de baño en piscinas de uso colectivo en Madrid

Se entiende por **piscina** el conjunto de construcciones e instalaciones que comportan la existencia de uno o más vasos, destinados al baño colectivo, natación o prácticas deportivas, incluidos en el recinto del establecimiento.

Son **piscinas de uso colectivo** las que no están comprendidas en el apartado anterior independientemente de su titularidad.

Un **vaso** se define como el espacio que, construido de acuerdo con las especificaciones de la reglamentación sanitaria, tenga por objeto albergar agua en las condiciones determinadas reglamentariamente para el desarrollo de las actividades previamente referenciadas.

13.1. Diseño de la zona de baño: condiciones de seguridad del vaso y el andén

Los vasos podrán ser de las siguientes modalidades:

a) De chapoteo o infantiles: Se destinan a usuarios menores de seis años. Su emplazamiento será independiente y aislado de la zona de adultos. La profundidad mínima no excederá de los 0,30 metros y la máxima de los 0,60 metros y el suelo no ofrecerá pendientes superiores al 6 por 100.

b) De recreo o polivalentes: Tendrán una profundidad mínima adecuada al uso al que se destinan de acuerdo con las normas técnicas de construcción, que podrá ir aumentando progresivamente con pendiente máxima del 6 por 100, hasta llegar a 1,40 metros debiendo quedar señalizada esta profundidad en el interior y exterior del vaso, a partir de la cual, podrá aumentar progresivamente hasta un máximo de 3 metros.

El vaso de la piscina estará construido de forma tal que se asegure la estabilidad, resistencia y estanqueidad. No tendrá ángulos ni recodos u obstáculos que dificulten la circulación y renovación del agua.

El fondo y las paredes estarán revestidos de materiales lisos, antideslizantes, impermeables y resistentes a los agentes químicos, de color claro y fácil limpieza y desinfección.

Cualquiera que sea su régimen hidráulico, existirá siempre un sistema de desagüe que siempre que sea posible deberá ser por gravedad, que permita la eliminación rápida del agua y sedimentos. El vaciado se hará a la red de alcantarillado.

No existirán obstrucciones en el vaso que puedan retener al usuario debajo del agua.

El paseo o andén que rodea el vaso en su totalidad se considera zona para pies descalzos, estará por tanto libre de impedimentos y para su construcción se utilizarán pavimentos higiénicos y antideslizantes.

El andén tendrá una anchura mínima de un metro y sus características evitarán encharcamientos y vertidos de aguas al vaso o al circuito de depuración.

Dispondrán de tomas de agua para poder realizar periódicamente su limpieza y desinfección.

Se prohíbe la existencia de canalillo o lavapiés circundante al vaso de la piscina.

13.2. Equipamientos técnicos, componentes y dispositivos de seguridad

El desagüe del fondo del vaso se realizará a través de una salida adecuadamente protegida mediante dispositivos de seguridad para prevenir accidentes.

Durante la época en que la piscina no se encuentre en funcionamiento el vaso deberá quedar cubierto o vallado mediante algún procedimiento eficaz que impida su deterioro, así como la caída en él de personas o animales.

Igualmente, la piscina, fuera del horario de funcionamiento, permanecerá inaccesible a los usuarios.

En las piscinas descubiertas se instalarán en sus paseos o andenes duchas de agua potable en un número mínimo de dos y una más por cada 20 metros de perímetro del vaso, con desagües directos a la red de alcantarillado y distribuidas uniformemente alrededor del andén.

El plato de las duchas o pavimento destinado para tal fin, estará perfectamente limpio y estará construido con materiales antideslizantes apropiados para mantener su limpieza y desinfección.

En las instalaciones al aire libre en las que existan áreas con césped, tierra o arena, el acceso al vaso se realizará a través de piletas de paso obligado dotadas con duchas. Estas piletas se instalarán en la zona de baño y tendrán una profundidad no inferior a 0,10 metros y longitud igual o mayor a 2 metros y anchura suficiente para no ser evitadas. En caso de que las piletas contengan agua, ésta deberá ser clara y bacteriológicamente depurada, en circulación continua, no pudiendo mezclarse en ningún caso con el agua de los circuitos de depuración de la del vaso de la piscina.

En el caso de vasos infantiles y piscinas climatizadas no es necesaria la existencia de pediluvio. A los efectos del cómputo total de duchas, se tendrán en cuenta las del pediluvio.

Las piscinas deberán tener elementos de apoyo de rescate en número suficiente,

Área de pediluvios

situados en lugares visibles y fácilmente accesibles. Los elementos más usuales y que deberán tener al menos son:

1) Perchas de material liviano, rígido y resistente a la corrosión, con un dispositivo de asimiento en su extremo.

2) Salvavidas, en número no inferior al de escaleras y mínimo de dos, ubicados en lugares visibles y de fácil acceso, a la máxima altura de 2 metros. Dichos salvavidas serán de polietileno, diámetro no inferior a 30 centímetros y cordón de longitud no inferior a la mitad del mayor ancho de la piscina más 3 metros, con resistencia a rotura superior a 550 kilogramos.

13.3. Sistemas de información de seguridad

Los cambios de pendiente serán suaves y estarán debidamente señalizados a los lados del vaso.

El aforo del vaso vendrá determinado por su superficie, de tal manera que en los momentos de máxima concurrencia de bañistas se disponga, al menos, de 2 metros cuadrado» de lámina de agua por cada uno. Este aforo quedará señalizado en cartel indicativo, el cual se instalará junto al vaso.

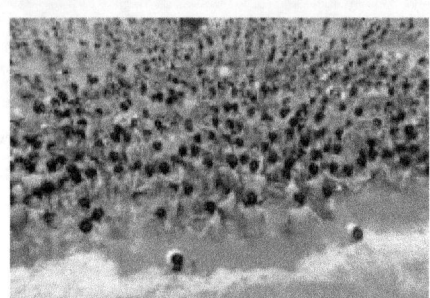

Todas las piscinas dispondrán de unas normas de régimen interior para los usuarios, de obligado cumplimiento, que serán expuestas en lugar visible a la entrada del establecimiento.

Debe respetarse el aforo de bañistas

13.4. Elementos de accesibilidad, protección y ayudas técnicas

Independientemente de la existencia de posibles escalinatas y rampas de acceso al vaso, en las proximidades de los ángulos del mismo y en la zona de cambio de pendiente del fondo, se instalarán escaleras, de manera que de una a otra no haya nunca una distancia superior a 15 metros.

Estarán empotradas, tendrán peldaños antideslizantes y carecerán de aristas vivas. Alcanzarán bajo el agua la profundidad suficiente para salir con comodidad del vaso lleno.

Las piscinas de uso colectivo atenderán a lo dispuesto en la normativa de eliminación de barreras arquitectónicas.

Detalle escalera empotrada

13.5. Atracciones acuáticas: toboganes, trampolines, otros

Excepto en los vasos de saltos se prohíbe la existencia de palancas de saltos y de trampolines. Se podrán admitir los deslizadores o toboganes, que en todo caso, deberán ser de material inoxidable, lisos y sin juntas ni solapas que puedan producir lesiones a sus usuarios, debiendo situarse en zonas debidamente acotadas y señalizadas, de manera que su uso no suponga molestias para el resto de los bañistas.

CAPÍTULO 14

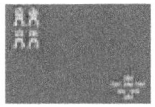

REQUERIMIENTOS TÉCNICO-SANITARIOS DE LA ZONA DE BAÑO EN PISCINAS DE USO COLECTIVO EN MURCIA

Autores

Joaquín Gámez de la Hoz
Ana Padilla Fortes

14.1. Diseño de la zona de baño: condiciones de seguridad del vaso y el andén
14.2. Equipamientos técnicos, componentes y dispositivos de seguridad
14.3. Sistemas de información de seguridad
14.4. Elementos de accesibilidad, protección y ayudas técnicas
14.5. Atracciones acuáticas: toboganes, trampolines, otros

14. Requerimientos técnico-sanitarios de la zona de baño en piscinas de uso colectivo en Murcia

Se considera **piscina** al conjunto de instalaciones y construcciones utilizadas por los bañistas, que comprenden la zona de baño y los servicios o instalaciones necesarios para garantizar el funcionamiento del conjunto.

14.1. Diseño de la zona de baño: condiciones de seguridad del vaso y el andén

Los vasos podrán ser de los siguientes tipos:

a) Infantiles o de "chapoteo": se destinan a usuarios menores de 6 años. Su emplazamiento será independiente del de adultos y estará situado a una distancia mínima de éste de 10 metros. Su profundidad máxima será de 0,40 metros y el suelo no ofrecerá pendientes superiores al 6%.

b) De recreo y polivalentes: tendrán una profundidad mínima de un metro, que podrá ir aumentando progresivamente (con pendiente máxima del 6% al 10%) hasta llegar a 1,40 metros, debiendo quedar señalizada esta profundidad, que a partir de este punto podrá aumentar progresivamente hasta un límite máximo de tres metros.

El vaso de la piscina estará constituido de forma que se asegure la estabilidad, resistencia y estanqueidad de su estructura.

La forma y características del vaso evitarán ángulos, recodos y obstáculos que dificulten la circulación del agua o representen peligro para los usuarios. No deberán existir obstrucciones subacuáticas de cualquier naturaleza que puedan retener al nadador bajo el agua.

Las paredes y el fondo del vaso estarán revestidos con materiales lisos, de color claro, de fácil limpieza y desinfección, impermeables, resistentes a la abrasión y al choque e inertes a los productos utilizados en el tratamiento del agua. La superficie del fondo del vaso será además antideslizante.

Excepto en las piscinas construidas con anterioridad a la normativa vigente, el fondo del vaso tendrá una pendiente mínima del 2,5%, para facilitar el desagüe, y máxima comprendida entre el 6% y el 10% en las profundidades menores a 1,40 metros. Para profundidades mayores, en ningún caso podrá ser superior al 30%.

El paseo que rodea al vaso será de material higiénico, antideslizante e impermeable. Estará libre de impedimentos y tendrá una anchura mínima de 1 m. con ligera pendiente hacia el exterior del vaso que evite el reflujo de agua hacia el mismo. Para evitar encharcamientos dispondrán del adecuado sistema de drenaje.

En las cercanías de la zona de estancia se dispondrá de bocas de riego para poder para poder realizar periódicamente su limpieza y desinfección.

14.2. Equipamientos técnicos, componentes y dispositivos de seguridad

En las instalaciones existentes el vaso infantil estará separado del de adultos por elementos constructivos u ornamentales adecuados, de forma que impida que los niños puedan acceder fácilmente a los otros vasos.

El fondo de todo vaso tendrá un desagüe "de gran paso" protegido mediante dispositivos de seguridad que eviten cualquier peligro para los usuarios, y que permita la evacuación rápida de la totalidad del agua y de los sedimentos y residuos en él contenidos. En ningún caso podrá recircularse esta agua para el uso de las instalaciones de la piscina.

Rejilla anti-torbellino

En el caso de piscinas descubiertas, en las proximidades del vaso se instalarán duchas de agua potable con desagüe directo en número al menos igual que el de escaleras de acceso al vaso. En ningún caso se permitirá la recirculación de este agua para el uso de la piscina. La plataforma que rodea a las duchas debe estar impermeabilizada e inclinada de forma que se eviten encharcamientos alrededor de ellas.

Si la zona de estancia que rodea al vaso es de tierra, césped o arena, contarán además con pediluvios que tengan una profundidad mínima de 0,10 metros, anchura mínima de un metro con fluido continuado de agua con poder desinfectante, no recirculable y disponiendo de una longitud y de los elementos arquitectónicos u ornamentales precisos para que no puedan ser evitados.

Se podrá prescindir de los pediluvios, cuando estando acotada la zona de césped, tierra o arena con elementos ornamentales o arquitectónicos, se acceda al paseo a través de pasos de duchas que no puedan ser evitados y que estarán en continuo funcionamiento. Opcionalmente se podrá dotar a estos pasos de duchas de sistemas automáticos que los pongan en funcionamiento cuando los bañistas los atraviesen. Queda, en todo, caso prohibida la construcción de canalillos lavapiés perimetrales.

En todos los vasos, y opcionalmente en los infantiles, existirán al menos dos flotadores salvavidas, que estarán colocados en la zona de estancia próxima al andén o paseo que rodea al vaso, y uno a cada lado de éste, en lugares de fácil acceso para los bañistas. Estarán provistos de una cuerda de longitud superior a la anchura máxima de la piscina más 3 metros.

14.3. Sistemas de información de seguridad

Tanto en los vasos de nueva construcción como en los ya instalados, los cambios de pendiente serán moderados y progresivos; deberán estar señalizados, al igual que los puntos de máxima y mínima profundidad, mediante rótulos de aviso en las paredes laterales del vaso; éstos deberán sobresalir de la superficie del agua con el fin de facilitar su visibilidad.

El aforo máximo de usuarios de una instalación con piscina será calculado con base en la suma de las superficies de lámina de agua de todos los vasos de la instalación y teniendo en cuenta que en piscinas descubiertas se admitirán como máximo, 3 usuarios por cada 2 metros cuadrados de superficie de lámina.

Este aforo máximo podrá ser reducido por el titular de la instalación para adecuar las necesidades de los usuarios, en función de su afluencia, teniendo en cuenta que en ningún caso se permitirá la entrada de un número de usuarios superior al fijado por el titular en base a dicha reducción.

Excepto en los vasos de chapoteo, el aforo de cada vaso vendrá determinado por su superficie, de forma que en los momentos de máxima concurrencia cada bañista disponga como mínimo de 2 metros cuadrados de lámina de agua en los vasos al aire libre, y 1,5 metros cuadrados en los cubiertos.

Todas las instalaciones con piscinas de uso colectivo dispondrán de un Reglamento de régimen interno que contenga las normas de obligado cumplimiento para los usuarios. Este Reglamento deberá ser expuesto en lugar visible a la entrada de las instalaciones, así como en su interior, y contendrá el aforo máximo de utilización simultánea de las instalaciones, además de las pautas de higiene reguladas normativamente.

14.4. Elementos de accesibilidad, protección y ayudas técnicas

Se instalarán escaleras, independientemente de posibles escalinatas ornamentales y rampas que formen parte de la piscina, deforma obligatoria en los cuatro ángulos del vaso y en las paredes laterales en los puntos de cambio de pendiente. Si las dimensiones del vaso lo permiten se instalarán varias escaleras más, de manera que de una a otra no exista una distancia superior a 15 metros en el perímetro del mismo.

Escalera empotrada en su parte superior

Las escaleras estarán construidas con materiales no oxidables, de fácil limpieza, sin aristas vivas y con peldaños antideslizantes, de forma que garanticen en todo momento la seguridad del usuario.

Las escaleras estarán empotradas en su parte superior y alcanzarán bajo el agua la profundidad suficiente para subir con comodidad con el vaso lleno.

14.5. Atracciones acuáticas: toboganes, trampolines, otros

Los trampolines y palancas serán de materiales no oxidables, antideslizantes y de fácil limpieza y desinfección. Las escaleras de acceso irán provistas de barandillas de seguridad. La construcción, diseño, disposición y materiales de torres de saltos en general garantizarán en todo momento la seguridad de los usuarios. En las piscinas de nueva construcción las torres de alturas superiores al metro se colocarán en vasos destinados exclusivamente para este uso.

No se permitirá utilizar los trampolines flexibles de más de 0,50 metros, ni palancas rígidas de más de 1 metro de altura sobre la lámina de agua durante el uso del vaso de la piscina para finalidades recreativas, debiendo acotarse en todo caso la zona de saltos.

Las torres de salto o trampolines de más de 3 metros serán instalados obligatoriamente en las piscinas de saltos. Las piscinas ya construidas cuyas torres de saltos o trampolines superen las alturas anteriormente citadas, aun cuando dispongan de profundidad y anchura adecuadas, deberán contar con sistemas que imposibiliten el acceso a los bañistas. Todas las piscinas estarán proyectadas en cuanto a su profundidad de acuerdo con las alturas de palancas y trampolines.

Los toboganes serán de material no oxidable, lisos y no presentarán juntas ni solapas que puedan producir lesiones a los usuarios, garantizando en todo momento la seguridad de los mismos. Las escaleras de acceso a los mismos tendrán una inclinación moderada, los peldaños serán antideslizantes, sin aristas vivas y contarán con pasamanos de seguridad.

Los toboganes estarán ubicados en vasos especiales zonas acotadas dentro de los vasos de recreo y natación.

CAPÍTULO 15

REQUERIMIENTOS TÉCNICO-SANITARIOS DE LA ZONA DE BAÑO EN PISCINAS DE USO COLECTIVO EN NAVARRA

Autores

Joaquín Gámez de la Hoz
Ana Padilla Fortes

15.1. Diseño de la zona de baño: condiciones de seguridad del vaso y el andén

15.2. Equipamientos técnicos, componentes y dispositivos de seguridad

15.3. Sistemas de información de seguridad

15.4. Elementos de accesibilidad, protección y ayudas técnicas

15.5. Atracciones acuáticas: toboganes, trampolines, otros

15. Requerimientos técnico-sanitarios de la zona de baño en piscinas de uso colectivo en Navarra

Una **piscina** es definida como el conjunto de construcciones e instalaciones utilizadas por los bañistas e incluidas en el recinto del establecimiento.

Son **piscinas de uso colectivo** las que con independencia de su titularidad, no son de uso unifamiliar y las de comunidades de vecinos de más de veinte viviendas o unidades unifamiliares. En todo caso se consideran piscinas de uso colectivo las de los establecimientos hoteleros y cualesquiera otros que prestan servicios de alojamiento público.

15.1. Diseño de la zona de baño: condiciones de seguridad del vaso y el andén

Los vasos, atendiendo a su uso, se clasifican en:

a) De chapoteo: Son los destinados a usuarios menores de 6 años. Tendrán una profundidad máxima de 0,35 metros. Su emplazamiento estará convenientemente separado de los otros vasos de la instalación para evitar el acceso directo desde éste al resto de los vasos.

b) De recreo: No contarán con zonas cuya profundidad sea menor de 0,50 metros, a excepción de las zonas de acceso al vaso por rampas o escaleras de obra.

La forma y características de los vasos evitarán ángulos, recodos u obstáculos que dificulten la circulación del agua o representen peligro para los usuarios. No deben existir obstrucciones subacuáticas de cualquier naturaleza que puedan retener al nadador bajo el agua.

La pendiente del fondo será tal que permita un correcto desaguado del vaso. En las zonas de profundidad inferior a 1,40 metros, la pendiente no superará el 6 por ciento.

El revestimiento de las paredes y suelo del vaso serán de color claro y de fácil limpieza y reparación, impermeables, resistentes a la abrasión y al choque y estables frente a los productos utilizados en el tratamiento del agua. Además el revestimiento del suelo del vaso será antideslizante en zonas de profundidad menor de 0,70 metros. Se entenderán como superficies antideslizantes aquellas que tengan un grado de antideslizamiento mayor que 24° según la norma DIN 51097 (clase C), o un coeficiente de fricción mayor que 0,7 según el modelo Tortus.

DIN 51097 Norma para pie desnudo	Ángulo de inclinación
CLASE A	≥ 12°
CLASE B	≥ 18°
CLASE C	≥ 24°

Grados de resbaladicidad

Todo vaso tendrá, como mínimo, un sistema de desagüe de fondo de "gran paso" que, sin representar peligro para los bañistas permita la evacuación rápida de la totalidad del agua y de los sedimentos y residuos en él contenidos.

El andén o playa que rodea el vaso será de material antideslizante, incluso en estado húmedo. Tendrá una anchura mínima de 1,20 metros y su construcción evitará encharcamientos y vertidos de agua al vaso.

Se permitirá la discontinuidad del andén de los vasos en un porcentaje no superior al 20 por ciento del total del perímetro del mismo, en aquellas zonas destinadas a la ubicación de atracciones o elementos decorativos.

15.2. Equipamientos técnicos, componentes y dispositivos de seguridad

En el caso de que el sistema de desagüe del vaso se encuentre conectado con el sistema de recirculación, deberá disponer como mínimo de dos tomas de fondo por cada circuito de recirculación de agua, que estarán a distancia suficiente entre ellas para evitar que un mismo bañista las pueda tapar simultáneamente, protegidas por rejillas antitorbellino o cualquier otro sistema para evitar el atrapamiento de los bañistas, y con una superficie de aspiración tal que la velocidad no sea superior a 0,6 metros por segundo en ninguna de ellas.

Ejemplo de rejilla antitorbellino

La zona de baño estará vallada y el acceso de los usuarios a la misma se realizará exclusivamente a través de pasos dotados de duchas. Este tipo de acceso no será obligatorio en los vasos de chapoteo, que en todo caso, deberán disponer de un número suficiente de duchas en su andén o playa.

Las barreras no serán fácilmente escalables

Todos los vasos, excepto los de chapoteo, dispondrán de algún sistema que impida el fácil acceso a los mismos fuera del período u horario expresamente autorizado para su funcionamiento, tales como puertas dotadas con cierre de llave u otro procedimiento de similar eficacia.

Los vasos de duchas serán de material antideslizante en estado húmedo, pero no abrasivo, de fácil limpieza y desinfección y con la pendiente suficiente para permitir un desaguado sin retenciones.

Excepto en los vasos de chapoteo, se colocarán flotadores salvavidas en lugares fácilmente accesibles a los usuarios en número no inferior a dos para cada vaso, incrementándose en dos más en aquellos vasos de usos múltiples por cada zona de uso delimitado.

15.3. Sistemas de información de seguridad

La pendiente se señalizará de forma claramente visible, desde dentro y fuera del vaso, la altura del agua en los puntos de cambio de pendiente y en los de máxima y mínima profundidad.

Excepto en los vasos de chapoteo, el número máximo de bañistas que pueden introducirse simultáneamente en el vaso será calculado a razón de 2 metros cuadrados de superficie del mismo por usuario.

Las normas o reglamentos internos de funcionamiento contemplarán e informarán a los usuarios del régimen de utilización de las instalaciones en aspectos dirigidos fundamentalmente a evitar riesgos sanitarios y establecer condiciones de seguridad y, en concreto, de los horarios de apertura y cierre de los vasos.

En los vasos lúdicos se colocarán carteles informativos con las normas de utilización de cada atracción acuática, frecuencias de uso, aforo, limitaciones, horarios, que se ubicarán en las proximidades de cada acceso, de forma claramente visible y legible.

15.4. Elementos de accesibilidad, protección y ayudas técnicas

La distribución y el número de accesos a la zona de baño se establecerán en función del aforo de los vasos y la adecuada accesibilidad a los mismos para una correcta atención sanitaria.

Para el acceso al agua de los vasos, a excepción de los de chapoteo, se instalarán escaleras de adecuadas condiciones higiénicas y que garanticen la seguridad del usuario, a una distancia entre sí, medida en el perímetro del vaso, no mayor de 25 metros y en las zonas de cambio brusco de pendiente del fondo.

Las escaleras alcanzarán una profundidad suficiente para salir con comodidad del vaso lleno y, en caso de ser adosadas, no llegarán nunca hasta el fondo de aquél. Las escaleras de obra dispondrán de una barandilla de material inoxidable. En todo caso, los peldaños serán de superficie antideslizante.

Entre las atracciones acuáticas o elementos decorativos instalados en el vaso y/o andén y el cierre perimetral de éste existirá siempre una zona de paso con una anchura mínima de 1 metro.

La ubicación de las atracciones acuáticas y de los elementos decorativos respetará los trayectos de salida del vaso y permitirá la visibilidad de los usuarios.

Se dispondrá de escaleras de acceso al vaso en las zonas colindantes a las atracciones acuáticas.

15.5. Atracciones acuáticas: toboganes, trampolines, otros

Se entenderá por atracción acuática, toda instalación fija o móvil cuya finalidad sea el juego en contacto con el agua. La ubicación de las atracciones acuáticas y de los elementos decorativos respetará los trayectos de salida del vaso y permitirá la visibilidad de los usuarios.

Se permitirá la discontinuidad del andén de los vasos en un porcentaje no superior al 20 por ciento del total del perímetro del mismo, en aquellas zonas destinadas a la ubicación de atracciones o elementos decorativos.

CAPÍTULO 16

REQUERIMIENTOS TÉCNICO-SANITARIOS DE LA ZONA DE BAÑO EN PISCINAS DE USO COLECTIVO EN EL PAÍS VALENCIANO

Autores

Joaquín Gámez de la Hoz
Ana Padilla Fortes

16.1. Diseño de la zona de baño: condiciones de seguridad del vaso y el andén

16.2. Equipamientos técnicos, componentes y dispositivos de seguridad

16.3. Sistemas de información de seguridad

16.4. Elementos de accesibilidad, protección y ayudas técnicas

16.5. Atracciones acuáticas: toboganes, trampolines, otros

16. Requerimientos técnico-sanitarios de la zona de baño en piscinas de uso colectivo en el País Valenciano

Se entenderá por **piscina** la zona constituida por el vaso o vasos existentes en la misma y la superficie o playas que las circundan, destinada al baño o a la natación, así como las instalaciones y servicios necesarios para garantizar su perfecto funcionamiento y desarrollo de la actividad recreativa.

Son **piscinas de uso colectivo** las de comunidades de vecinos con un aforo mayor a 100 personas, excluidas las piscinas unifamiliares, las piscinas destinadas a usos exclusivamente médicos, de competición o enseñanza, los baños termales y los centros de tratamiento de hidroterapia, que se someterán a su legislación específica.

16.1. Diseño de la zona de baño: condiciones de seguridad del vaso y el andén

Los vasos de las piscinas de uso colectivo se pueden clasificar, según lo dispuesto en la normativa reguladora de las normas higiénico sanitarias y de seguridad, en las siguientes modalidades:

a) De chapoteo, destinados a usuarios menores de seis años, con una profundidad no superior a 500 milímetros de acuerdo con lo previsto en el código técnico de la edificación. Su emplazamiento será independiente, de forma que impida que los niños puedan acceder fácilmente a vasos destinados a otros usos.

b) De recreo o polivalentes, destinados al público en general.

La construcción, acondicionamiento y características del vaso, del andén o playa así como de las escaleras y accesos a las piscinas atenderán a los requisitos previstos en el código técnico de la edificación.

Se instalarán duchas en las proximidades del vaso de forma simétrica entre sí, sin entorpecer el paso, a razón de una por cada 30 bañistas. Su base será de material antideslizante, de fácil limpieza y desinfección, y el desagüe deberá ser directo a la red de saneamiento.

Las características de los vasos e instalaciones deben tener por objeto, entre otros, prevenir accidentes y evitar cualquier riesgo para la salud de los usuarios.

La construcción y acondicionamiento del vaso deberá realizarse con arreglo a los siguientes criterios:

- Su construcción se ajustará a lo que tenga establecido la técnica para esta clase de obras. La forma podrá ser la que se crea conveniente, pero asegurando la estabilidad, resistencia y estanqueidad de su estructura. No podrá tener ángulos, recodos ni obstáculos que dificulten la libre circulación o renovación del agua. No deben existir construcciones subacuáticas de cualquier naturaleza que puedan retener al bañista.
- El fondo y las paredes estarán revestidas de materiales lisos, antideslizantes y resistentes al choque y a los agentes utilizados en el tratamiento y conservación del agua, y de fácil limpieza y desinfección.
- En las piscinas de uso colectivo, el fondo del vaso deberá tener una pendiente mínima del 2% y máxima del 10% hasta una profundidad de 1,40 metros. En ningún caso la pendiente podrá superar el 35 %.
- Todo vaso deberá tener un desagüe de gran paso que permita la evacuación rápida de la totalidad del agua y de los sedimentos y residuos en él contenidos. El agua así evacuada irá a la red de saneamiento y en su ausencia, al lugar adecuado de acuerdo con la normativa.

El andén o playa que circunda el vaso será de material antideslizante. Su anchura permitirá el fácil acceso al vaso en todo su perímetro, y su construcción evitará encharcamiento y vertidos de agua al vaso. Se considera como zona para pies descalzos, por tanto el material utilizado en su construcción será higiénico y su superficie estará libre de obstáculos. Deberá tener instalaciones que faciliten su limpieza, y dispositivos de evacuación de las aguas que viertan directamente a la red de saneamiento.

Queda prohibida la existencia de canalillo o lavapiés circundante al vaso de la piscina.

16.2. Equipamientos técnicos, componentes y dispositivos de seguridad

El desagüe de fondo estará adecuadamente protegido mediante rejas u otro dispositivo de seguridad con el fin de prevenir accidentes.

Se colocarán dos flotadores salvavidas como mínimo, en lugares accesibles para los bañistas, en cada vaso con superficie inferior a 350 metros cuadrados de superficie de lámina de agua. Asimismo se colocará uno más por cada 150 metros cuadrados o fracción.

Recreación atrapamiento en desagüe

Se instalarán, en las proximidades del vaso, duchas de regadera o collar, de altura suficiente y en número proporcional a su aforo, calculando una por cada 30 bañistas. Se colocarán lo más simétricamente posible alrededor del vaso, y de forma que no entorpezcan el paso.

La base de las duchas deberá ser de material antideslizante, de fácil limpieza y desinfección, y el desagüe deberá ser directo a la red de saneamiento, y en su ausencia, al lugar que se establezca de acuerdo con la normativa vigente.

Los flotadores dispondrán de una cuerda de longitud no inferior a la mitad de la máxima anchura del vaso más tres metros. Su distribución se hará de la forma más simétrica posible alrededor del vaso. Quedan exentos de colocación de flotadores los vasos de chapoteo.

16.3. Sistemas de información de seguridad

El cambio de nivel del fondo del vaso estará señalizado en los puntos donde se produzca, e igualmente se señalarán numéricamente las zonas de mínima y máxima profundidad.

Cuando no pueda evitarse la utilización múltiple de un vaso, se señalará y delimitará de forma clara el límite entre zonas destinadas a usos diversos. En particular y con especial cuidado, en el uso simultáneo para saltos y natación en general.

Se entenderá que el aforo teórico de un vaso es el resultante de establecer, en las piscinas al aire libre, dos metros cuadrados de superficie de lámina de agua por usuario, y en el caso de las cubiertas tres metros cuadrados por usuario.

Los usuarios de las piscinas de uso colectivo deberán observar en todo momento un comportamiento cívico, seguir las instrucciones de los socorristas, así como cumplir las normas que contenga el reglamento de régimen interno, que estará expuesto públicamente y en lugares bien visibles para conocimiento de los usuarios.

16.4. Elementos de accesibilidad, protección y ayudas técnicas

Independientemente de posibles escalinatas ornamentales y rampas que formen parte del vaso, se instalará como mínimo una escalera de acceso al vaso por cada 20 metros o fracción del perímetro de éste. Será obligatoria su instalación en los cambios de profundidad.

Las escaleras serán de material inoxidable, de fácil limpieza y desinfección, y con peldaños antideslizantes. Alcanzarán, bajo el agua, la profundidad suficiente para salir con comodidad del vaso lleno, no llegando nunca, en el caso de las adosadas, al fondo de aquél.

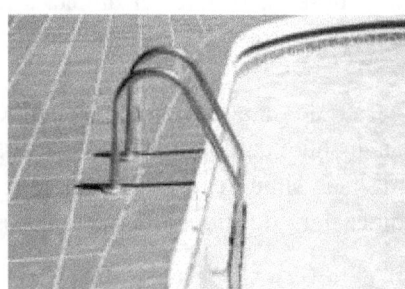
Escalera no remetida en pared

Escalinata no remetida en la pared

En los vasos de nueva construcción, las escaleras estarán remetidas en la pared del vaso de manera que no sobresalgan de los paramentos verticales.

Toda piscina de uso colectivo, excepto las de comunidades de vecinos y empresas, dispondrán y facilitarán las medidas o mecanismos necesarios que permitan su utilización por las personas con minusvalía.

En particular, todas las piscinas de uso colectivo que esta norma exija, dispondrán de vestuarios diferenciados para cada sexo y construidos según determinen las normas técnicas para este tipo de instalaciones, incluyendo eliminación de barreras arquitectónicas.

16.5. Atracciones acuáticas: toboganes, trampolines, otros

Los materiales de construcción de trampolines, palancas, toboganes y demás elementos análogos serán inoxidables, sin juntas ni aristas vivas, antideslizantes y de fácil limpieza y desinfección. Los toboganes se colocarán de manera que no entorpezcan el funcionamiento de los trampolines y tendrán que estar debidamente señalizados en la zona de caída. Las escaleras de acceso irán provistas de barandilla de seguridad y los peldaños serán planos y antideslizantes.

Se prohíbe el uso de trampolines y palancas de más de un metro de alzada en las piscinas de uso polivalente o recreativas, durante el uso del vaso para finalidad distinta a la de salto.

Los deslizadores serán de material inoxidable, lisos, sin puntas ni solapa; se colocarán de forma que no entorpezcan el funcionamiento de los trampolines, y tendrán que estar debidamente señalizados en la zona de caída.

En las piscinas que dispongan de impulsores que generen el efecto de oleaje así como en las que existan trampolines, toboganes y otros elementos de caída, se instalarán corcheras o boyas que delimiten el espacio necesario para garantizar la seguridad de los bañistas.

Los elementos regulados en este artículo dispondrán de la documentación que acredite su homologación de acuerdo con la normativa vigente.

CAPÍTULO 17

REQUERIMIENTOS TÉCNICO-SANITARIOS DE LA ZONA DE BAÑO EN PISCINAS DE USO COLECTIVO EN EL PAÍS VASCO

Autores

Joaquín Gámez de la Hoz
Ana Padilla Fortes

17.1. Diseño de la zona de baño: condiciones de seguridad del vaso y el andén

17.2. Equipamientos técnicos, componentes y dispositivos de seguridad

17.3. Sistemas de información de seguridad

17.4. Elementos de accesibilidad, protección y ayudas técnicas

17.5. Atracciones acuáticas: toboganes, trampolines, otros

17. Requerimientos técnico-sanitarios de la zona de baño en piscinas de uso colectivo en el País Vasco

Se define **piscina** como el conjunto de instalaciones destinadas al baño colectivo bien sea con fines deportivos, recreativos, termales o terapéuticos, de descanso o relajación y de rehabilitación, así como las instalaciones anexas y los servicios complementarios necesarios para garantizar su adecuado funcionamiento.

Un **vaso** es el elemento constructivo que tiene por objeto albergar agua con fines recreativos, deportivos, terapéuticos y de descanso.

17.1. Diseño de la zona de baño: condiciones de seguridad del vaso y el andén

Los vasos según su utilización y tipo de usuarios a los que van destinados se definen como:

a) Vaso de chapoteo: es el destinado a las actividades acuáticas infantiles. Su emplazamiento será independiente, de forma que los niños no puedan acceder fácilmente a vasos destinados a otros usos. Tendrán una profundidad máxima de 60 centímetros.

b) Vasos de recreo y polivalentes: podrán construirse de formas variadas, siempre y cuando no existan recodos, ángulos y obstáculos que dificulten la circulación del agua, su limpieza, la vigilancia de los bañistas o puedan resultar peligrosos para los usuarios.

Asimismo, los vasos podrán estar diseñados como un área única en la que se combinen distintos usos o por el contrario, planteando áreas diferenciadas con usos específicos en cada uno de ellos. En tal caso, el área de recreo o baño libre de adultos contará con zonas cuya profundidad esté comprendida entre 1 metro y 1,40 metros, con pendiente no superior al 6%, tramo a partir del cual se podrá aumentar progresivamente la profundidad hasta llegar a 3,5 metros.

El vaso estará construido de manera que se asegure la estabilidad, resistencia y estanqueidad de su estructura.

Cualquiera que sea la forma del vaso, se evitarán los ángulos, recodos u obstáculos que puedan dificultar la circulación del agua o representen peligro para los usuarios. No existirán obstrucciones subacuáticas de cualquier naturaleza que puedan retener al nadador debajo del agua.

Las paredes verticales y el fondo del vaso estarán revestidos con materiales lisos, de color claro, de fácil limpieza y desinfección, impermeables y estables frente a los productos utilizados en el tratamiento del agua. El material del fondo del vaso será antideslizante.

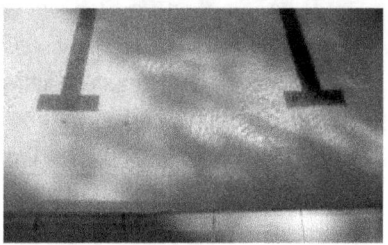

Color claro en fondo del vaso

El fondo del vaso de la piscina tendrá una pendiente mínima que facilite su vaciado, y una máxima del 6% en profundidades menores a 1,40 metros. Los cambios de pendiente serán moderados y progresivos.

El fondo del vaso, cualquiera que sea su hidráulica, dispondrá como mínimo de un desagüe general de gran paso, que permita la evacuación rápida a la red de saneamiento de la totalidad del agua y de los sedimentos y residuos en él contenidos.

La playa, paseo o andén que rodea el vaso estará libre de impedimentos. Los pavimentos serán higiénicos, antideslizantes e impermeables. En piscinas de nueva construcción tendrá una anchura mínima de 1,80 metros. Esta deberá de diseñarse de forma que permita la correcta recogida de las aguas de limpieza del andén a la red de saneamiento y evite los encharcamientos y vertidos de agua hacia el rebosadero de superficie continuo.

Dispondrá de tomas de agua con el fin de poder realizar su limpieza y desinfección. En el caso de los vasos terapéuticos, termales, de relajación y de rehabilitación, estas condiciones podrán adecuarse a las características de las zonas de baño y los servicios que en ellos se presten.

17.2. Equipamientos técnicos, componentes y dispositivos de seguridad

Las piscinas dispondrán de un número suficiente de elementos o medidas de seguridad que se adecuarán al número y tipo de atracciones recreativas presentes en la instalación.

En la playa, paseo o andén que rodea al vaso deberá instalarse un número de duchas con agua potable al menos igual que el número de escaleras de acceso al vaso. En ningún caso se permitirá la recirculación de esta agua para el uso de la piscina. El pavimento bajo las duchas tendrá una pendiente adecuada hacia la rejilla o sumidero, evitando los encharcamientos.

En el caso de vasos al aire libre, el acceso de los bañistas al paseo o andén que rodea a los mismos deberá efectuarse exclusivamente a través de pasos que no puedan ser fácilmente evitados y que dirijan al usuario hacia las duchas mediante elementos arquitectónicos u ornamentales.

Si la zona de estancia que rodea al andén del vaso es de tierra, césped o arena, contará además con un espacio no inferior a 2 metros (pediluvios) dotado de duchas o chorros de agua con mecanismos de activación automática que aseguren la limpieza de los pies. Esta agua en ningún caso podrá recircularse.

Contarán con flotadores salvavidas y /o planchas rígidas en número no inferior a dos en cada vaso con superficie inferior a 350 metros cuadrados de lámina de agua y uno o más por cada 150 metros cuadrados o fracción. Los flotadores salvavidas dispondrán de una cuerda de longitud no inferior a la mitad de la máxima anchura del vaso más tres metros. Se colocarán en lugares accesibles para los usuarios y su distribución se hará de la forma más simétrica posible alrededor del vaso. Quedan exentos de la colocación de flotadores salvavidas y /o planchas rígidas los vasos de chapoteo y los vasos en los que no existe riesgo de ahogamiento debido a su diseño o profundidad.

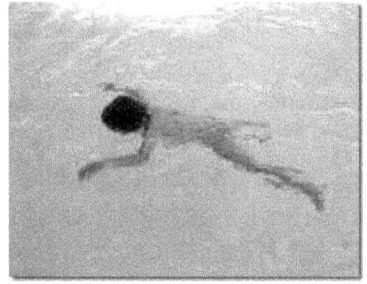

Simulación ahogamiento infantil

17.3. Sistemas de información de seguridad

Los cambios de pendiente estarán señalizados, al igual que los puntos de máxima y mínima profundidad mediante rótulos de aviso al usuario en las paredes laterales del vaso. En el fondo del vaso se marcará, de forma visible, la delimitación entre las zonas de aguas someras con profundidad menor a 1,30 metros y las de aguas profundas con profundidad mayor a 1,30 metros.

La zona más profunda del vaso se señalará mediante una indicación oscura de 30 centímetros de lado.

Este desagüe de fondo estará adecuadamente protegido mediante dispositivos de seguridad que eviten cualquier peligro para los usuarios.

El aforo de cada vaso vendrá determinado por su superficie de manera que en los momentos de máxima concurrencia, cada bañista disponga al menos de 2 metros cuadrados de lámina de agua para vasos al aire libre y de 3 metros cuadrados en las cubiertas.

El aforo máximo de una instalación con piscina vendrá determinado por la suma de las superficies de lámina de agua de todos los vasos de la instalación, teniendo en cuenta que en los momentos de máxima concurrencia será de 3 usuarios por cada 2 metros

No exceder el aforo máximo

cuadrados de lámina de agua para vasos al aire libre.

En piscinas descubiertas con zonas destinadas a solarium la autoridad sanitaria podrá autorizar un aforo diferente al máximo señalado, cuando los titulares de las mismas justifiquen el aforo, garantizando la seguridad de los usuarios.

En todas las piscinas existirán elementos pasivos de seguridad, que debidamente instalados faciliten la labor de los socorristas y/o monitores, indicando e informando a los usuarios, protegiendo o separando las características de las distintas actividades de juego acuático. Entre ellos figurarán:

a) Carteles informativos, que indiquen las normas para el uso de cada actividad acuática, sus limitaciones y prohibiciones. Estos se situarán en lugar visible y se mantendrán perfectamente legibles en toda circunstancia.

b) Sistemas de comunicación audiovisuales que expliquen el uso correcto de cada una de las atracciones recreativas acuáticas y que faciliten la comunicación de cualquier eventualidad.

c) Corcheras para separar las distintas zonas de uso.

17.4. Elementos de accesibilidad, protección y ayudas técnicas

La capacidad y disposición de accesos a la zona de baño se establecerán en función del aforo calculado y teniendo en cuenta las necesidades para una rápida prestación de auxilios en caso de accidente.

Para el acceso al agua se instalarán escaleras, independientemente de posibles escalinatas ornamentales y rampas que formen parte del vaso. Su número será adecuado al perímetro de éste, de manera que entre una y otra la distancia sea menor de 20 metros. En todo caso, existirán de forma obligatoria en los puntos de cambio de pendiente y cuando a la vista del diseño del vaso la autoridad sanitaria lo estime oportuno.

Las escaleras estarán construidas con materiales no oxidables de fácil limpieza con peldaños antideslizantes, sin aristas vivas, de forma que garanticen en todo momento la seguridad del usuario. Las escaleras estarán empotradas en su extremo superior y sin llegar al fondo del vaso alcanzarán bajo el agua la profundidad suficiente para subir con comodidad.

En el caso de vasos de chapoteo, de relajación, bañeras de hidromasaje o similares, en los que el diseño garantiza la accesibilidad al vaso sin la presencia de escaleras, podrá excluirse la obligatoriedad de su instalación.

En todos los vasos se habilitarán los medios necesarios para el acceso de minusválidos.

17.5. Atracciones acuáticas: toboganes, trampolines, otros

La construcción, diseño, disposición y materiales de las atracciones recreativas (toboganes, deslizadores, hidrotubos, trampolines flexibles, palancas rígidas, plataformas, torres de saltos, o cualquier otro tipo de elemento acuático), garantizarán en todo momento la seguridad de los usuarios. Serán de material no oxidable, lisos, y no presentarán juntas ni solapas que puedan producir lesiones a los usuarios, garantizando en todo momento la seguridad de los mismos. Las escaleras de acceso a las mismas tendrán inclinación moderada, los peldaños serán antideslizantes, sin aristas vivas y contarán con pasamanos de seguridad.

Las torres de saltos de alturas superiores a 1 m. sobre la lámina de agua, se colocarán en fosos destinados exclusivamente para este uso.

Las torres de saltos trampolines, palancas o plataformas de altura inferior a un metro sobre la lámina de agua, contarán con una zona acotada y con sistemas que imposibiliten el acceso a los bañistas.

Los toboganes, deslizadores, hidrotubos y elementos similares se situarán en zonas acotadas en los vasos de recreo y polivalentes. Asimismo, se respetará lo dispuesto en las normas técnicas para este tipo de instalaciones. En cualquier caso, estará garantizado por el fabricante y proyectista que la correcta utilización de los aparatos acuáticos no entrañará peligro para los usuarios.

Todo tobogán deberá disponer de una superficie de recepción de utilización exclusiva, con el fin de evitar el encuentro de los usuarios cuando lleguen al agua. El trayecto desde el área de recepción hacia la salida del vaso no deberá de cruzarse con los trayectos de los usuarios de otros toboganes. Estarán diseñados de forma que quede garantizada la seguridad de los usuarios a lo largo de todo el recorrido (UNE-EN-1069:1 y UNE-EN-1069:2 relativa a los requisitos de seguridad e instrucciones de toboganes de más de dos metros de altura).

En las piscinas de olas, las ventanas de salida de las cámaras de olas se protegerán con barrotes verticales de suficiente resistencia, con una separación máxima de 12 cm. Asimismo, se deberá de disponer de una corchera ubicada como mínimo a un metro de la zona de generación de olas. El dispositivo de producción de olas tendrá un sistema de paro de emergencia situado junto al lugar de vigilancia permanente de esta actividad acuática.

Se justificara mediante certificados de dirección y final de obra suscritos por técnicos competentes y visados por los correspondientes colegios profesionales, que las atracciones recreativas realizadas de acuerdo con los proyectos aprobados cumplen los requisitos de seguridad garantizados en los mismos.

CAPÍTULO 18

REQUERIMIENTOS TÉCNICO-SANITARIOS DE LA ZONA DE BAÑO EN PISCINAS DE USO COLECTIVO EN LA RIOJA

Autores

Joaquín Gámez de la Hoz
Ana Padilla Fortes

18.1. **Diseño de la zona de baño: condiciones de seguridad del vaso y el andén**

18.2. **Equipamientos técnicos, componentes y dispositivos de seguridad**

18.3. **Sistemas de información de seguridad**

18.4. **Elementos de accesibilidad, protección y ayudas técnicas**

18.5. **Atracciones acuáticas: toboganes, trampolines, otros**

18. Requerimientos técnico-sanitarios de la zona de baño en piscinas de uso colectivo en La Rioja

Se define **piscina** como el conjunto de instalaciones destinadas al baño, así como las instalaciones anexas y los equipamientos y servicios necesarios para garantizar su perfecto funcionamiento.

Son **piscinas de uso público** las de titularidad pública o privada que puedan ser utilizadas por el público en general, mediante precio u otro tipo o sistema de colaboración económica.

Se considera el **vaso** al elemento construido de acuerdo con los preceptos reglamentarios que tenga por objeto albergar agua para el baño.

18.1. Diseño de la zona de baño: condiciones de seguridad del vaso y el andén

Con carácter general, los vasos se clasifican en:

a) Vaso de chapoteo: es el destinado a las actividades acuáticas infantiles. Tendrá una profundidad máxima de 60 cm con una pendiente menor al 10%. Su emplazamiento será independiente y deberán tener un sistema de depuración de agua independiente.

b) Vaso polivalente o recreativo: es el destinado al público en general.

En su construcción se evitarán recodos, ángulos y obstáculos que dificulten la circulación del agua, su limpieza, la vigilancia y puedan resultar peligrosos para los usuarios.

Estará construido de manera que se asegure la estabilidad, resistencia y estanqueidad.

Las paredes y fondo del vaso estarán revestidos con materiales adecuados, impermeables, resistentes frente a los productos utilizados en su mantenimiento y antideslizante en función del uso.

Los cambios de pendiente serán moderados y progresivos.

El fondo del vaso dispondrá al menos de un desagüe general de gran paso, de tal forma que permita la evacuación rápida de la totalidad del agua y los sedimentos y residuos que puedan existir.

Al menos una vez al año se realizará una revisión y limpieza y desinfección del vaso para lo cual será necesario su vaciado completo. Para las piscinas de temporada la fecha de vaciado será previa y próxima a la apertura al público, para proceder alas reparaciones necesarias, limpieza y desinfección del vaso.

La zona de playa debe estar lo suficientemente libre para permitir un fácil acceso al vaso por todos los lados. Tendrá una ligera pendiente hacia el exterior del vaso para evitar encharcamientos y vertidos de agua al interior del mismo. Será de material antideslizante e impermeable y se conservará en perfecto estado de limpieza.

18.2. Equipamientos técnicos, componentes y dispositivos de seguridad

El desagüe de fondo del vaso estará adecuadamente protegido mediante dispositivos de seguridad que eviten cualquier peligro para los usuarios.

Al finalizar la temporada de baño, el acceso a los vasos permanecerá cerrado al público hasta nueva apertura.

Cubierta protectora desagüe

La zona de playa estará separada del resto de las instalaciones de forma se obligue a los usuarios a acceder a esta por pasos con duchas.

Las duchas estarán provistas de un desagüe para evitar encharcamientos, su uso será obligatorio antes del baño y deberán mantenerse en perfecto estado de limpieza.

Todas las piscinas dispondrán de un número adecuado de flotadores, salvavidas o dispositivos salvavidas, ubicados en lugares visibles de la zona de playa, de fácil acceso y con una cuerda unida a ellos de una longitud no inferior a la mitad del mayor ancho de la piscina más 3 metros, con un mínimo de dos.

Aquellas instalaciones con lámina de agua superficial menor de 200 metros cuadrados y profundidad no superior a 1,6 metros y siempre que los vasos estén vallados o aislados de forma que impidan las caídas accidentales o accesos involuntarios, la presencia del servicio de salvamento acuático será optativa.

18.3. Sistemas de información de seguridad

La profundidad máxima, mínima y los cambios dependientes estarán señalizados en la zona de playa o como mínimo cada 10 metros.

El aforo máximo del vaso y de las instalaciones es el número máximo de personas que pueden utilizar al mismo tiempo el vaso y las instalaciones de la piscina e instalaciones acuáticas, sin derivar en riesgos para los usuarios.

Todas las piscinas de uso público e instalaciones acuáticas, dispondrán de unas normas de régimen interno para los usuarios, de obligado cumplimiento. Estas normas deberán estar expuestas en lugar bien visible a la entrada de la instalación, así como en su interior y que como mínimo deberán contener el aforo máximo del vaso y de las instalaciones, así como las pautas de higiene de obligado cumplimiento.

En las atracciones acuáticas se colocarán carteles informativos con las normas de utilización de cada atracción, frecuencia de uso, aforo, limitaciones, horarios, que se ubicarán en las proximidades de cada acceso, de forma claramente visible y legible.

Cuando no sea obligatoria la dotación del servicio de socorristas, en este caso será obligatorio tener expuesto un cartel en lugar visible que indique dicha circunstancia.

18.4. Elementos de accesibilidad, protección y ayudas técnicas

Para el acceso al vaso se instalarán escaleras de material inoxidable, de fácil limpieza y desinfección y con peldaños de superficie plana y antideslizantes. El número de escaleras será el adecuado para garantizar el acceso, existiendo al menos una en cada cambio de profundidad y/o cada 20 metros.

En los vasos de chapoteo, en los que el diseño garantiza la accesibilidad al vaso, las escaleras serán optativas.

En las piscinas e instalaciones acuáticas se cumplirá con lo dispuesto en el Decreto 19/2000, de 28 de abril, por el que se aprueba el reglamento de accesibilidad en relación con las barreras urbanísticas y arquitectónicas, en desarrollo parcial de la Ley 5/1994, de 19 de julio.

Eliminación de barreras de acceso al vaso

Queda prohibida la entrada de animales a las instalaciones, salvo los perros adiestrados de las personas con algún tipo de disfunción.

18.5. Atracciones acuáticas: toboganes, trampolines, otros

La construcción, diseño, disposición y materiales de las atracciones recreativas, garantizarán en todo momento la seguridad de los usuarios. Serán de material no oxidable, lisos y no presentarán juntas ni solapas que puedan producir lesiones a los usuarios.

La zona de caída sobre la lámina de agua contará con un área acotada recepción y de profundidad suficiente y cumplirá con lo dispuesto en las normas UNE-EN-1069 sobre especificaciones, métodos de ensayo e instrucciones para toboganes acuáticos de más de 2 m de altura.

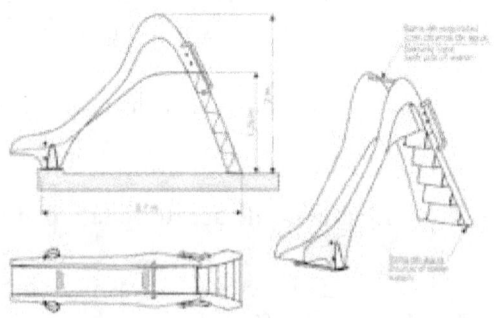

Esquema tobogán infantil

ANEXO

ANEXO: RESUMEN DE REQUISITOS SANITARIOS Y DE SEGURIDAD EN EL DISEÑO DE PISCINAS DE USO COLECTIVO

Clase de requisito	Aspecto	Código Técnico Edificación	Andalucía	Aragón	Asturias	Cantabria
Características del vaso	Profundidad máxima	Infantil: 50 cm Adultos: 3 m	Infantiles: 40 cm Adultos: NR	Infantiles: 50 cm Adultos: NR	Infantiles: 60 cm Adultos: NR	Chapoteo: 30 cm Infantiles: 50 cm Adultos: NR
	Profundidad mínima	Infantil: NR Adultos: <1,4 m	Infantil: NR Adultos: <1,4 m	Infantil: NR Adultos: <1,4 m	NR	NR
	Pendiente de fondo	Infantil: 6% Adultos: 10%(<1,4 m) 35%(≥1,4 m)	Infantil: 6% Adultos: 2·10%(<1,4 m) <35%(≥1,4 m)	Infantil: <10% Adultos: 2,5·10%(<1,6 m) <30%(≥1,6 m)	NR (moderada y progresiva)	Infantil: <6% Adultos: NR
Seguridad	Cerramientos	Barrera protección vaso (acceso infantil no controlado)	Recinto piscina y lona o similar en el vaso (fin temporada)	NR	Vallado opcional, pero al final temporada, medidas control acceso	Sistema que impida el acceso fuera de horario y al finalizar la temporada de baño
	Superficies	antideslizantes UNE-ENV 12633:2003	antideslizantes	antideslizantes	antideslizantes	antideslizantes
	Protección sumideros	NR	Desagüe fondo	Desagüe fondo de gran paso	Desagüe fondo de gran paso	Desagüe fondo de gran paso
Información	Marcas, rótulos	profundidades ≤1,4 m, max y mínimas visibles desde fuera y dentro del vaso	Cambio pendiente y profundidades max y mínimas, visibles desde fuera y dentro del vaso	cambio pendiente y profundidades >1,4 m, max y mínimas, visibles desde fuera y dentro del vaso	profundidades max y mínimas, visibles si menos en la zona de playa	profundidades max y mínimas, visibles desde fuera y dentro del vaso y en accesos
	Aforo	NR	1 usuario/2 m² lámina de agua cartel visible en entrada a entidad	1 persona/2 m² lámina de agua	1 usuario/2 m² lámina de agua Un cartel en lugar visible	fijado por el titular cartel visible
	Régimen interno	NR	Cartel visible entrada/interior	Cartel visible entrada/interior	Cartel visible entrada/interior	Cartel visible
Equipamientos	Duchas	NR	≥ nº escaleras	≥ 2 para vasos ≥ 100 m²	En número adecuado	≥ nº escaleras
	Pediluvio	NR	duchas de pie	paso obligado por pediluvio	paso obligado por pediluvio	NR
	Flotadores salvavidas	NR	≥ nº escaleras	≥ nº escaleras	≥ 2 por vaso	≥ 2 por vaso
Accesibilidad	Nº escaleras	que disten <15 m (caras) si	1/25 m (o fracción) del perímetro vaso	≥ 4 1/25 m (o fracción) del perímetro vaso	número adecuado	≥ 2 que disten <15 m perímetro
	Anchura del andén	≥ 1,2 m	≥ 1 m	≥ 2 m	ancho adecuado	≥ 1,2 m

(*) NR: no regulado.

149

ANEXO: RESUMEN DE REQUISITOS SANITARIOS Y DE SEGURIDAD EN EL DISEÑO DE PISCINAS DE USO COLECTIVO

Clave de requisito	Aspecto	Castilla-La Mancha	Castilla-León	Cataluña	Extremadura	Galicia
Características del vaso	Profundidad máxima	Infantiles: 50 cm Adultos: 3 m	NR	NR	Infantiles: 60 cm Adultos: 3,5 m	Infantiles: 60 cm Adultos: NR
	Profundidad mínima	Infantiles: NR Adultos: ≤1,4 m	NR	NR	Infantiles: NR Adultos: 1 m	NR
	Pendiente de fondo	Infantil: 6% Adultos: 10% (<1,4 m) 35% (≥1,4 m)	NR (suaves)	NR (adecuado)	Infantil: <10% Adultos: 2,5-10% (<1,5 m) moderad (≥ 1,5 m)	Infantil: <10% Adultos: <30%
Seguridad	Cerramientos	recinto piscina y en infantiles barrera en adultos vallado o equiv	mismo piscina	NR	vallado del vaso, elementos arquitectónicos u ornamentales	sistema eficaz que impida el acceso fuera de horario
	Superficies	antideslizantes	antideslizantes	antideslizantes	antideslizantes	antideslizantes
	Protección sumidero	desagüe fondo de gran paso	desagüe fondo de gran paso	sistema antihoebdino	desagüe fondo de gran paso	desagüe fondo de gran paso
Información	Marcas, rótulos	profundidades máx y mínimas, en acceso al vaso, en andén, borde, pared y fondo	sumbar pendiente profundidades máx y mínimas, visible desde fuera y dentro del vaso	cambio pendiente y profundidades max y mínimas	cambio pendiente, profund <1,5 m, en borde y pared del vaso	cambio pendiente, profundidades, máx y mínimas, en andén y pared del vaso
	Aforo	1 usuario /8 m² lámina de agua cartel visible en entrada+interior	1 bañista /2 m² lámina de agua	fijado por el titular	1 usuario /3 m² lámina de agua cartel visible en entrada+interior y aseos/vestuarios	1 bañista /2 m² lámina de agua cartel visible en entrada+interior
	Régimen interno	cartel visible en entrada+interior	cartel visible en entrada+interior	cartel visible	cartel visible en la entrada	cartel visible en entrada+interior
Equipamientos	Duchas	1/150 m² lámina agua del vaso, con paso obligado	≥ n° escaleras	N° suficiente túneles duchas en vasos > 200 m²	1/50 usuarios	≥ n° escaleras
	Pediluvio	opcional	pediluvios con paso obligado	opcional	NR	opcional
	Flotadores salvavidas	≥ 2 para vasos ≤ 300 m² (+1 cada 150 m²)	≥ 2 por vaso	n° suficiente	≥ n° escaleras	≥ n° escaleras
Accesibilidad	N° escaleras	≥ 2 que distan < 15 m perímetro	ángulos del vaso, cambios de pendiente, disten < 15 m perímetre	n° adecuado	≥ 4	≥ 2 que distan < 20 m perímetro
	Anchura del andén	≥ 1,2 m	Ancho adecuado	Ancho adecuado	≥ 1,5 m	≥ 1,2 m

(*) NR: no regulado.

ANEXO: RESUMEN DE REQUISITOS SANITARIOS Y DE SEGURIDAD EN EL DISEÑO DE PISCINAS DE USO COLECTIVO

Clase de requisito	Aspecto	Islas Baleares	Islas Canarias	Madrid	Murcia
Características del vaso	Profundidad máxima	Infantil: 60 cm Adultos: NR	Infantil: 60 cm Adultos: NR	Infantil: 60 cm Adultos: 3 m	Infantil: 40 cm Adultos: 3 m
	Profundidad mínima	NR	NR	Infantil: 30 cm Adultos: <1.4 m	Infantil: NR Adultos: 1 m
	Pendiente de fondo	Infantil: <10% Adultos: 2-10%(<1.6 m) 33%(<1.6 m)	Infantil: <10% Adultos: 10%(<1.4 m) moderada(<1.4 m)	Infantil: 6% Adultos: 6%(<1.4 m) moderad(<1.4 m)	Infantil: 6% Adultos: 2.8-10%(<1.4 m) 30%(>1.4 m)
Seguridad	Cerramientos	NR	barrera de protección vaso (cuando no haya socorrista)	vallado o cubierta al finalizar la temporada	Vaso infantil separado con elementos constructivos u ornamentales
	Superficies	antideslizantes	antideslizantes	antideslizantes	antideslizantes
	Protección sumideros	Con plancha rígida	Desagüe fondo de gran paso	Desagüe fondo	Desagüe fondo de gran paso
Información	Marcas, rótulos	cambio pendiente, profundidades por tramo, visibles	cambio pendiente, profundidades máx y mínima, visibles (líneas) dentro del vaso	cambios pendiente en los lados del vaso	cambio pendiente, profundidades máx y mínimas, en pared del vaso
	Aforo	1 usuario/2 m² lámina de agua	1 usuario/4 m² lámina de agua cartel visible	1 usuario/2 m² lámina de agua en cartel visible	3 usuario /2 m² lámina de agua no cartel visible a la entrada-interior
	Régimen interno	cartel visible	cartel visible	cartel visible a la entrada	cartel visible en entrada-interior
Equipamientos	Duchas	≥2	≥2	≥2	1/40 personas
	Pediluvios	NR	1/30 usuarios	<1 cada 20 m	
	Flotadores salvavidas	1/20 metros	pediluvio de paso obligado ≥1 por vaso	pediluvio de paso obligado ≥ nº escaleras	pediluvio de paso obligado ≥2
Accesibilidad	Nº escaleras	3/20 m y en cambio pendiente	≥2 que distan 15 m o fracción	1/15m (o fracción) del perímetro vaso	1/15m en ángulos o cambios pendiente
	Anchura del andén	≥2 m	≥1.2 m	≥1 m	≥1 m

(*) NR: no regulado.

ANEXO: RESUMEN DE REQUISITOS SANITARIOS Y DE SEGURIDAD EN EL DISEÑO DE PISCINAS DE USO COLECTIVO

Clase de requisito	Aspecto	Navarra	País Valenciano	País Vasco	La Rioja
Características del vaso	Profundidad máxima	Infantil 35 cm Adultos NR	Infantil 50 cm Adultos 3 m	Infantil 60 cm Adultos 3,5 m	Infantil 60 cm Adultos NR
	Profundidad mínima	Infantil NR Adultos >50 cm	Infantil NR Adultos <1,4 m	Infantil NR Adultos 1-1,4 m	NR
	Pendiente de fondo	Infantil NR Adultos: 8% (<1,4 m) moderada (>1,4 m)	Infantil 6% Adultos 10% (<1,4 m) 33% (>1,4 m)	Infantil moderada Adultos: 8% (<1,4 m) moderada (>1,4 m)	Infantil <10% Adultos: moderada
Seguridad	Cerramientos	Zona de baño vallada y puerta con cierre de llave	Barrera protección vaso (acceso infantil no controlado)	NR	cierre del vaso al final de temporada
	Superficies	Antideslizantes DIN 51097	antideslizantes	antideslizantes	antideslizantes
	Protección sumideros	Desagüe fondo de gran paso	UNE-ENV 12633:2003 Desagüe fondo de gran paso	Desagüe fondo de gran paso	Desagüe fondo de gran paso
Información	Marcas, rótulos	cambio pendiente, profundidades max y mínimas, visibles fijas y dentro del vaso	cambio pendiente, profundidades max y mínimas, visibles	cambio pendiente, profundidades max y mínimas, en pared del vaso	cambio pendiente, profundidades max y mínimas, en el andén cada 10 metros
	Aforo	1 usuario/2 m² lámina de agua cartel visible en los accesos	1 usuario/2 m² lámina de agua	1 usuario/2 m² lámina de agua cartel visible en entrada/interior	fijado por titular cartel visible en entrada/interior
	Régimen interno	cartel visible en los accesos	cartel visible	cartel visible en entrada/interior	cartel visible en entrada/interior
Equipamiento	Duchas	Nº suficiente	1/30 bañistas	2 m² escaleras	Nº adecuado
	Pediluvio	NR	NR	pediluvio	NR
	Flotadores salvavidas	≥2	≥2	≥2	Nº adecuado
Accesibilidad	Nº escaleras	1/25 m del perímetro	1 cada 150 m²	1 cada 150 m²	1 cada 150 m²
	Anchura del andén	≥1,2 m	1/20 m del perímetro o fracción ≥1,2 m	cambios pasillos y que distan <20 m ≥1,8 m	cambios pasillos y/o cada 20 m ancho adecuado

(*) NR: no regulado

BIBLIOGRAFIA

Normativa Nacional

Ministerio de Vivienda (2006). Real Decreto 314/2006 de 17 de marzo, por el que se aprueba el Código Técnico de la Edificación. Boletín Oficial del Estado 74: 11816-31, de 28 marzo 2006.

Ministerio de Vivienda (2007). Real Decreto 1371/2007 de 19 de octubre, por el que se aprueba el Documento Básico "DB-HR Protección frente al ruido" del Código Técnico de la Edificación y se modifica el Real Decreto 314/2006, de 17 de marzo, por el que se aprueba el Código Técnico de la Edificación. Boletín Oficial del Estado 254: 42992-43045, de 23 octubre 2007.

Ministerio de Vivienda (2008). Corrección de errores y erratas del Real Decreto 314/2006 de 17 de marzo, por el que se aprueba el Código Técnico de la Edificación. Boletín Oficial del Estado 22: 4764-71, de 25 enero 2008.

Ministerio de Vivienda (2009). Orden VIV/984/2009 de 15 de abril, por la que se modifican determinados documentos básicos del Código Técnico de la Edificación aprobados por el Real Decreto 314/2006, de 17 de marzo, y el Real Decreto 1371/2007, de 19 de octubre. Boletín Oficial del Estado 99: 36395-450, de 23 de abril de 2009.

Ministerio de Vivienda (2010). Real Decreto 173/2010 de 19 de febrero, por el que se modifica el Código Técnico de la Edificación, aprobado por el Real Decreto 314/2006, de 17 de marzo, en materia de accesibilidad y no discriminación de las personas con discapacidad. Boletín Oficial del Estado 61: 24510-62, de 11 de marzo del 2010.

Ministerio de la Presidencia (1995). Real Decreto 363/1995, de 10 de marzo, por el que se aprueba el Reglamento sobre notificación de sustancias nuevas y clasificación, envasado y etiquetado de sustancias peligrosas. Boletín Oficial del Estado 133: 16544-16547, de 5 de junio de 1995.

Jefatura del Estado (1995). Ley 31/1995, de 8 de noviembre, de Prevención de Riesgos Laborales. Boletín Oficial del Estado 269: 32590-611, de 10 de noviembre de 1995.

Ministerio de Trabajo y Asuntos Sociales (1997). Real Decreto 486/1997, de 14 de abril, por el que se establecen las disposiciones mínimas de seguridad y salud en los lugares de trabajo. Boletín Oficial del Estado 97: 12918-26, de 23 de abril de 1997.

Ministerio de Trabajo y Asuntos Sociales (1997). Real Decreto 773/1997, 30 de mayo, sobre disposiciones mínimas de seguridad y salud relativas a la utilización por los trabajadores de equipos de protección individual. Boletín Oficial del Estado 140: 18000-17, de 12 de junio de 1997.

Ministerio de Ciencia y Tecnología (2001). Real Decreto 379/2001, de 6 de abril, por el que se aprueba el Reglamento de almacenamiento de productos químicos y sus instrucciones técnicas complementarias MIE APQ-1, MIE APQ-2, MIE APQ-3, MIE APQ-4, MIE APQ-5, MIE APQ-6 y MIE APQ-7. Boletín Oficial del Estado 112: 16838-929, de 12 de mayo de 2001.

Ministerio de la Presidencia (2001). Real Decreto 374/2001, de 6 de abril, sobre la protección de la salud y seguridad de los trabajadores contra los riesgos relacionados con los agentes químicos durante el trabajo. Boletín Oficial del Estado 104: 15893-99, de 1 de mayo de 2001.

Ministerio de Sanidad y Consumo (2003). Real Decreto 140/2003, de 7 de febrero, por el que se establecen los criterios sanitarios de la calidad del agua de consumo humano. Boletín Oficial del Estado 45: 7228-45, de 21 de febrero del 2003.

Ministerio de la Presidencia (2003). Real Decreto 255/2003, de 28 de febrero, por el que se aprueba el reglamento sobre clasificación, envasado y etiquetado de preparados peligrosos. Boletín Oficial del Estado 54: 8433-69, de 4 de marzo del 2003.

Freixa Blanxart A, Guardino Solá X (2005). Piscinas de uso público (I). Riesgos y prevención. Instituto Nacional de Seguridad e Higiene en el Trabajo. NTP-689. INSHT, Barcelona.

Freixa Blanxart, A (2005). Piscinas de uso público (II). Peligrosidad de los productos químicos. Instituto Nacional de Seguridad e Higiene en el Trabajo. NTP-690. INSHT, Barcelona.

Parlamento Europeo y Consejo (2008). Reglamento (CE) 1272/2008, de 16 de diciembre, sobre clasificación, etiquetado y envasado de sustancias y mezclas, por el que se modifican y derogan las Directivas 67/548/CEE y 1999/45/CE y se modifica el Reglamento (CE) nº 1907/2006. Diario Oficial de la Unión Europea, L 353 de 31 de diciembre del 2008.

Ministerio de la Presidencia (2010). Real Decreto 717/2010, de 28 de mayo, por el que se modifican el Real Decreto 363/1995, de 10 de marzo, por el que se aprueba el Reglamento sobre clasificación, envasado y etiquetado de sustancias peligrosas y el Real Decreto 255/2003, de 28 de febrero, por el que se aprueba el Reglamento sobre clasificación, envasado y etiquetado de preparados peligrosos. Boletín Oficial del Estado 139: 48916-7, de 8 de junio del 2010.

Normativa autonómica

1.Andalucía

Consejería de Salud (1999). Decreto 23/1999, de 23 de febrero, por el que se aprueba el reglamento sanitario de las piscinas de uso colectivo. Boletín Oficial de la Junta de Andalucía 36:3587-3597, de 25 de marzo de 1999.

Consejería de Salud (2003). Resolución de 17 de junio de 2003, de la Dirección General de Salud Pública y Participación, por la que se actualizan los parámetros del Anexo I del Decreto 23/1999, de 23 de febrero, por el que se aprueba el Reglamento Sanitario de Piscina de Uso Colectivo. BOJA 127: 14.948 de 4 de julio 2003.

Consejería de Salud (2008). Resolución de 21 de noviembre de 2008, de la Secretaría General de Salud Pública y Participación, por la que se modifica el Anexo I del Reglamento Sanitario de Piscinas de Uso Colectivo, aprobado por Decreto 23/1999, de 23 de febrero. BOJA 242: 56, de 5 de diciembre 2008.

Consejería de Salud (2011). Decreto 141/2011, de 26 de abril, de modificación y derogación de diversos decretos en materia de salud y consumo para su adaptación a la normativa dictada para la transposición de la Directiva 2006/123/CE, del Parlamento Europeo y del Consejo, de 12 de diciembre de 2006, relativa a los servicios en el mercado interior. BOJA 92: 10-13, de 12 de mayo 2011.

2.Aragón

Departamento de Salud y Consumo (2006). Decreto 119/2006, de 9 de mayo, del, de modificación del Decreto 50/1993, de 19 de mayo, por el que se regulan las condiciones higiénico-sanitarias de las piscinas de uso público. Boletín Oficial de Aragón 58: 6984-5, de 24 de mayo de 2006.

Departamento de Salud y Consumo (1993). Decreto 50/1993, de 19 de mayo, por el que se regulan las condiciones higiénico-sanitarias de las piscinas de uso público. Boletín Oficial de Aragón 58: 6984-5, de 24 de mayo de 2006.

Departamento de Salud y Consumo (1999). Decreto 53/1999, de 25 de mayo, del Gobierno de Aragón, de modificación del Decreto 50/1993, de 19 de mayo, por el que se regulan las condiciones higiénico-sanitarias de las piscinas de uso público. Boletín Oficial de Aragón 70: 3356-7, de 4 de junio de 1999.

3.Asturias

Consejería de Salud y Servicios Sanitarios (2009). Decreto 140/2009, de 11 de noviembre, por el que se aprueba el reglamento técnico sanitario de piscinas de uso colectivo. Boletín Oficial del Principiado de Asturias 277: 1-16, de 30 de noviembre de 2009.

4.Cantabria
Consejo de Gobierno (2008). Decreto 72/2008, de 24 de julio, por el que se aprueba el Reglamento Sanitario de Piscinas de Uso Colectivo de la Comunidad Autónoma de Cantabria. Boletín Oficial de Cantabria 199: 13975-81, de 15 de octubre de 2008.

5.Castilla -La Mancha
Consejería de Sanidad (2007). Decreto 288/2007, de 16 de octubre, por el que se establecen las condiciones higiénico-sanitarias de las piscinas de uso colectivo. Diario Oficial de Castilla La Mancha 218: 25384-96, de 19 de octubre de 2007.

6.Castilla y León
Consejería de Sanidad y Bienestar Social (1993). Decreto 177/1992, de 22 de octubre, que aprueba la Normativa Higiénico-Sanitaria para piscinas de uso público. Boletín Oficial de Castilla y León 103: 2739, de 2 de junio de 1993.

Consejería de Sanidad y Bienestar Social (1996). Decreto 36/1996, de 22 de febrero, por el que se amplían los plazos de adaptación del Decreto 177/1992, de 22 de octubre, que aprueba la Normativa Higiénico Sanitaria para piscinas de uso público. Boletín Oficial de Castilla y León 40: 1662, de 26 de febrero de 1996.

Consejería de Sanidad y Bienestar Social (1997). Decreto 106/1997, de 15 de mayo, por el que se modifica el artículo 3° del Decreto 177/1992, de 22 de octubre, que aprueba la Normativa Higiénico-Sanitaria para piscinas de uso público. Boletín Oficial de Castilla y León 93: 3924, de 19 de mayo de 1997.

7.Cataluña
Departamento de Sanidad y Seguridad Social (2000). Decreto 95/2000, de 22 de febrero, por el que se establecen las normas sanitarias aplicables a las piscinas de uso público. Diari Oficial de la Generalitat de Catalunya 3902: 2338-41, de 6 de marzo del 2000.

Departamento de Sanidad y Seguridad Social (2000). Decreto 177/2000, de 15 de mayo, por el que se modifica la disposición transitoria única del Decreto 95/2000, de 22 de febrero, por el cual se establecen las normas sanitarias aplicables a las piscinas de uso público. Diari Oficial de la Generalitat de Catalunya 3148: 6740, de 26 de mayo del 2000.

Departamento de Sanidad y Seguridad Social (2001). Decreto 165/2001, de 12 de junio, de modificación del Decreto 95/2000, de 22 de febrero, por el que se establecen las normas sanitarias aplicables a las piscinas de uso público.   Diari Oficial de la Generalitat de Catalunya 3417: 9579-80, de 26 de junio del 2001.

8.Extremadura
Consejería de Sanidad y Consumo (2002). Decreto 54/2002, de 30 de abril, por el que se aprueba el Reglamento Sanitario de Piscinas de uso colectivo de la Comunidad Autónoma de Extremadura. Diario Oficial de Extremadura 52: 5749-67, del 7 de mayo 2002.

Consejería de Sanidad y Consumo (2004). Decreto 38/2004, de 5 de abril, por el que se modifica el Decreto 54/2002, de 30 de abril, por el que se aprueba el Reglamento Sanitario de Piscinas de uso colectivo de la Comunidad Autónoma de Extremadura. Diario Oficial de Extremadura 43: 4280-83, del 15 de abril 2004.

9.Galicia
Consellería de Sanidad (2005). Decreto 103/2005, de 6 de mayo, por el que se establece la reglamentación técnico- sanitaria de piscinas de uso colectivo. Diario Oficial de Galicia 90: 7891-7902, de 11 de mayo del 2005.

10.Islas Baleares
Consellería de Sanidad (1995). Decreto 53/1995, de 18 de mayo, por el que se aprueban las condiciones higiénico- sanitarios de las piscinas de los establecimientos de alojamientos turísticos y de las de uso colectivo, en general. Boletín Oficial de las Islas Baleares 80: 6583-7, de 24 de junio de 1995.

11.Islas Canarias

Consejería de Sanidad (2005) Decreto 212/2005, de 15 de noviembre, por el que se aprueba el Reglamento sanitario de piscinas de uso colectivo de la Comunidad Autónoma de Canarias. Boletín Oficial de Canarias 236: 22839-59, de 1 de diciembre de 2005.

Consejería de Sanidad (2010) Decreto 119/2010, de 2 de septiembre, que modifica parcialmente el Decreto 212/2005, de 15 de noviembre, por el que se aprueba el Reglamento sanitario de piscinas de uso colectivo de la Comunidad Autónoma de Canarias. Boletín Oficial de Canarias 182: 24278-87, de 15 de septiembre de 2010.

12.Madrid

Consejera de Sanidad y Servicios Sociales (1998). Decreto 80/1998, de 14 de mayo, por el que se regulan las condiciones higiénico-sanitarias de piscinas de uso colectivo. Boletín Oficial de la Comunidad de Madrid 124:4-ss, de 27 de mayo de 1998.

Consejo de Gobierno (1998). Acuerdo, de 2 de julio, sobre corrección de errores del Decreto 80/1998, de 14 de mayo, por el que se regulan las condiciones higiénico-sanitarias de las piscinas de uso colectivo. Boletín Oficial de la Comunidad de Madrid 116: 4-ss, de 15 de julio de 1998.

13.Murcia

Consejería de Sanidad (1992) Decreto 58/1992, de 28 de mayo, por el que se aprueba el reglamento sobre condiciones higiénico-sanitarias de las piscinas de uso público. Boletín Oficial de la Región de Murcia 131: 3943-49, de 6 de junio.

14.Navarra

Departamento de salud (2003). Decreto Foral 123/2003, de 19 de mayo, por el que se establecen las condiciones técnico-sanitarias de las piscinas de uso colectivo. Boletín Oficial de Navarra 83:1-13, de 2 de julio de 2003.

Departamento de Salud (2006). Decreto Foral 20/2006, de 2 de mayo, por el que se modifica el Decreto Foral 123/2003, de 19 de mayo, por el que se establecen las condiciones técnico-sanitarias de las piscinas de uso colectivo. Boletín Oficial de Navarra 60: 5468-70, de 19 de mayo de 2006.

15.País Valenciano
Consellería de Gobernación (2010). Decreto 52/2010, de 26 de marzo, del Consell, por el que se aprueba el Reglamento de desarrollo de la Ley 4/2003, de 26 de febrero, de la Generalitat, de Espectáculos Públicos, Actividades Recreativas y Establecimientos Públicos. Diari Oficial de la Comunitat Valenciana 6263:12367-12455, del 30 de marzo del 2010.

Consellería de la Administración Pública y Consellería de Medio Ambiente (1994). Decreto 255/1994, de 7 de diciembre, del Gobierno Valenciano, por el que se regulan las normas higiénico-sanitarias y de seguridad de las piscinas de uso colectivo y de los parques acuáticos. DOGV 2414: 15161-15179, de 27 de diciembre.

16.País Vasco
Departamento de Sanidad (2003). Decreto 32/2003, de 18 de febrero, por el que se aprueba el reglamento sanitario de piscinas de uso colectivo. Boletín Oficial del País Vasco 88: 7860-93, de 8 de mayo de 2003.

Departamento de Sanidad (2004) Decreto 208/2004, de 2 de noviembre, por el que se modifica el Reglamento Sanitario de piscinas de uso colectivo. Boletín Oficial del País Vasco 226: 21427-31, de 25 de noviembre de 2004.

17.La Rioja
Consejería de Salud (2005) Decreto 2/2005, de 28 de enero, por el que se aprueba el Reglamento Técnico Sanitario de Piscinas e Instalaciones Acuáticas. Boletín Oficial de la Rioja 17: 619-622, de 1 de febrero de 2005.

www.ingramcontent.com/pod-product-compliance
Lightning Source LLC
Chambersburg PA
CBHW051508170526
45166CB00001B/439